COSTA RICA:

UNA HISTORIA VOLCÁNICA

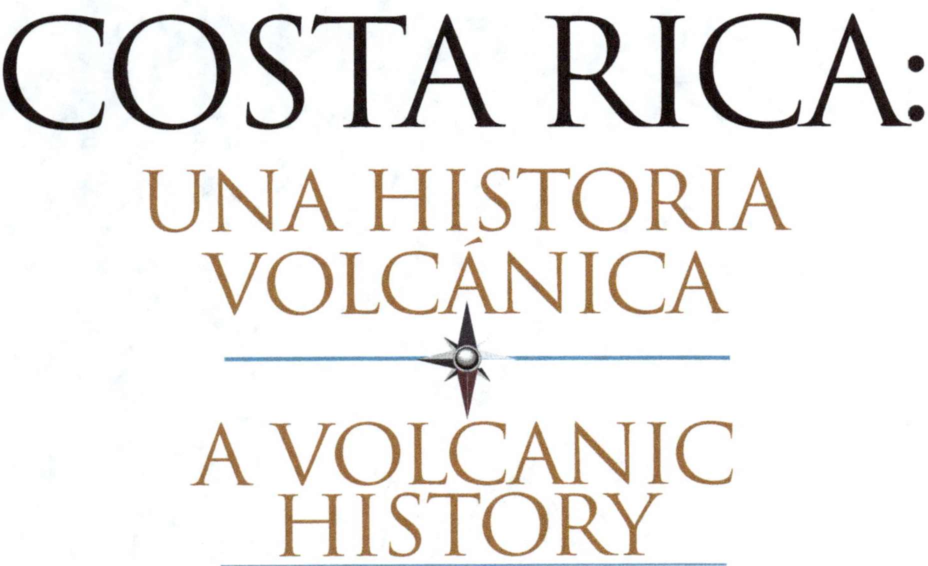

A VOLCANIC HISTORY

Jean Pierre Bergoeing

bubok
EDITORIAL

© JEAN PIERRE BERGOEING
© COSTA RICA UNA HISTORIA VOLCÁNICA
ISBN papel 978-84-686-5693-9
Impreso en España
Editado por Bubok Publishing S.L.

BIOGRAFIA DEL AUTOR

Jean Pierre Bergoeing

Geomorfólogo francés, cursó sus estudios en la Pontificia Universidad Católica de Chile. Continuó sus estudios en la Universidad de Aix-Marseille II, Francia, donde obtuvo sucesivamente un Master en Geografía Física (1972) un doctorado de 3er Ciclo en Geomorfología (1975) y finalmente un doctorado de Estado en Letras y Ciencias Humanas (1987). Su carrera profesional, se ha desarrollado en tres continentes. América, Europa y África. Fue profesor de la Universidad Católica de Chile, de la Universidad de Costa Rica, de la Universidad de Nantes, Francia, de la Universidad Abdou Moumouni de Niamey, Níger. Ha ejercido igualmente la carrera diplomática para el gobierno de Francia como Cooperante internacional y posteriormente como diplomático siendo Consejero de Cooperación Científica y Técnica. Es autor de numerosas publicaciones en revistas especializadas internacionales y mapas geomorfológicos sobre Chile, Costa Rica, Centroamérica, África y Europa, Desde 2005 se desempeña como profesor catedrático de la Escuela de Geografía de la Universidad de Costa Rica.

jegadana@gmail.com
Tel: (506) 86290712
Universidad de Costa Rica

AUTHOR'S BIOGRAPHY

Jean Pierre Bergoeing

French Geomorphologist, studied at the Pontifical Catholic University of Chile. He pursued his studies at the University of Aix-Marseille II, France, where he successively received a Master's degree in Physical Geography (1972) a doctorate in Geomorphology (1975) and finally a State Letters and Human Sciences doctorate (1987). His career has been developed in three continents. America, Europe and Africa. He was Professor of the Pontifical Catholic University of Chile, of the University of Costa Rica, of the University of Nantes, France, and the Abdou Moumouni University of Niamey, Niger. He has served also in the diplomatic career for the Government of France as an international cooperator and later as a diplomat being Scientific and Technical Cooperation Attache. He is author of numerous publications in international journals and geomorphologic maps of Chile, Costa Rica, Central America, Africa and Europe since 2005 serves as Professor of the University of Costa Rica.

jegadana@gmail.com
Tel: (506) 86290712
Universidad de Costa Rica

Contenido • Contents

COSTA RICA: UNA HISTORIA VOLCÁNICA

Dr. Jean Pierre Bergoeing

Desde su nacimiento, Costa Rica es principalmente el resultado del vulcanismo consecuencia externa de las ascensiones magmáticas del Manto a través de la confrontación de las placas tectónicas del Coco y del Caribe. En efecto en el Cretácico el área está conformada por un rosario de islas volcánicas oceánicas conformadas por basaltos consecuencia de la migración hacia el norte de la antigua placa de Farallón. De estas islas solo quedan los testimonios de lavas en almohadillas que encontramos en la costa del Pacífico, en la Península de Nicoya, Quépos y Península de Osa, resultado del choque y subducción de la placa de Farallón con la del arco Caribe:

Posteriormente, a fines del Terciario, en esta zona de confrontación se producirá un nuevo fenómeno de subducción por el cual la nueva placa tectónica del Coco salida del hotspot de las Galápagos se hundirá en el Manto, bajo la placa del Caribe. Es por ello que frente a las costas del Pacífico se ha formado una fosa marina asociada a la subducción. Consecuentemente fue y es un área sísmica importante y de vulcanismo activo.

Se trata de áreas de confrontación de dos o más placas tectónicas que colisionan de manera permanente. De esta colisión, una placa se subduce bajo la otra siguiendo un plano de deslizamiento conocido como zona de Wadatti-Benioff, que se sumerge hasta 700 km al interior de la Tierra siguiendo un plano de inclinación de 40° a 60°, mientras la otra placa asciende dando origen a relieves volcánicos cordilleranos. La placa subducida, generalmente más densa, constituida generalmente por gabros y peridotitas, desciende paulatinamente hacia el Manto superior interno de la Tierra y termina por fundirse con el magma subyacente. Desde ahí las ascendencias de magma que se infiltran a través de la zona de

COSTA RICA: A VOLCANIC HISTORY

Dr. Jean Pierre Bergoeing

Since its birth, Costa Rica is mainly the result of volcanism, external consequence of magmatic ascents of the Mantle, trough the confrontation of both tectonic plates; Coco´s and Caribbean. Indeed, during the Cretaceous period the area is formed by a string of oceanic volcanic islands formed by basalts, consequence of the Northern migration of the former Farallon tectonic plate. Of those single islands are the pillow lavas testimonies founded in the Pacific coast, in Nicoya Peninsula, Quepos and Osa Peninsula volcanic result of the collision and subduction of the Farallon plate with the Caribbean arc.

Subsequently, at the end of the Tertiary, in this confrontation area will be a new phenomenon of subduction, whereby, new tectonic Coco´s plate output of the Galapagos hotspot will sink into the Mantle, under the Caribbean plate. That is why in the forefront of the Pacific coast was formed a tectonic trench. Consequently it has been and it is today an important and active seismic and volcanic area.

It's an area of confrontation of two or more tectonic plates colliding on permanent basis. This collision make that a plate goes under the other following a slip plane known a Wadatti-Benioff zone, dipping 700 km in the interior of Earth crush according to an angle of 40° to 60°, while the other plate give rise to mountain volcanic reliefs. The subducted plate, usually more dense, composed of gabbros and peridotite, gradually descends towards the inner upper Mantle of the Earth melting with the underlying magma. From there starts magma ascents infiltrating through the collision zone creating magma reservoirs that feed volcanoes, which are the external expression of the rise of material in fusion. These pockets of magma reserve are situated approximately 8 to 10

Fig. 1.   Volcán Turrubares. Volcán oceánico de fines del Cretácico se mantiene en actividad hasta el Terciario superior y emerge con la orogénesis de Costa Rica. (Fotografía del autor).

colisión constituyen reservorios magmáticos que alimentan los volcanes, que son la expresión exterior de la subida del material en fusión. Estas bolsas de reserva de magma se sitúan a unos 8 a 10 km de profundidad en la corteza terrestre. Es la diferencia de densidad entre la litosfera oceánica que aumenta con el tiempo y la densidad de la atenósfera, que crece menos rápido (en un lapso de 50 millones de años la litosfera se hace mucho más densa que la atenósfera) que crea el verdadero motor de la subducción. La litosfera, más pesada, por el aumento de su densidad adquiere la tendencia a hundirse. Las zonas de subducción son zonas de convergencia, también conocidas como márgenes activas y es en donde los sismos y el vulcanismo son los más intensos como por ejemplo, el "cinturón de fuego" del Pacífico.

Es a fines del Cretácico que surge un rosario de islas volcánicas en la franja del Pacífico de América Central ístmica, producto de los efectos

km depth in the Earth crust. It's the difference density between the Oceanic lithosphere which increases with time and the density of the athenospherewhich create the real motor of subduction. The lithosphere, heavier, by increasing its density acquires the tendency to sink. Subduction zones are convergent ones, also known as active margins and it's there where earthquakes and volcanism are the most intense as for example the «belt of fire» in the Pacific.

It is at the end of the Cretaceous that arises a string of volcanic islands in the isthmus Central America Pacific fringe, product of the subduction effects, while in nuclear Central America new volcanic mountain ranges rises during the Tertiary, attached to lands already emerged geologically older. During the Tertiary i.e. from about 65 million years until the beginning of the Quaternary period about 2 million years ago oceanic-type volcanism is continuing

Fig. 1. Turrubares volcano. Late Cretaceous volcano remains active until Upper Tertiary and emerges with the orogeny of Costa Rica. (Authors photography).

de la subducción, mientras que en América Central nuclear nacen nuevas cordilleras volcánicas que se edificarán a lo largo del Terciario, adosadas a las tierras ya emergidas y geológicamente más antiguas. Durante el Terciario, es decir desde hace unos 65 millones de años hasta el inicio del Cuaternario hace unos 2 millones de años, el vulcanismo de tipo marino se continua en la región y tal vez el edificio volcánico más espectacular que queda de esa época es el volcán Turrubares, que hoy alcanza una altitud de 1.756 metros, debido a su gran actividad volcánica pasada asociada a la orogénesis que se inicia a fines del Terciario (Plioceno) y que levantará los depósitos volcánicos y sedimentos marinos constituyendo las actuales cordilleras volcánicas. A fines del Plioceno una nueva fase volcánica, acompañada de una orogénesis, dará origen, en Costa Rica, a la construcción de las cordilleras volcánicas Central y de Guanacaste así como a la elevación de la cordillera de Talamanca que alcanzará los 3.819 metros de altitud (cerro Chirripó).

in the region, and perhaps the most spectacular volcanic edifice that remains from this period is the Turrubares volcano which today reaches an altitude of 1.756 meters, because of its great past volcanic activity associated with the orogeny that took place at the end of the Tertiary (Pliocene), raising volcanic deposits and marine sediments forming the current volcanic ranges. At the end of the Pliocene, a new volcanism start, accompanied by an orogeny phase generating in Costa Rica the building's Central and Guanacaste's volcanic Ranges as well as the elevation of the Talamanca's mountain Range reaching 3.819 meters from sea level (Chirripó Mountain).

LOS VOLCANES DEL TERCIARIO

De los remanentes volcánicos que aún conservan su estructura cónica podemos citar de norte a sur los siguientes volcanes. En el sector norte de Guanacaste, en La Cruz emerge el cono muy erosionado del volcán El Hacha que se eleva a 600 metros de altitud, a los pies del volcán Orosi en su flanco oeste. Es un cono que emerge en la meseta de ignimbritas de la Formación Bagaces. Su actividad data probablemente del Mioceno superior y pudo extenderse hasta el Pleistoceno Inferior. (Bergoeing 1998).

TERTIARY VOLCANOES

Volcanic remnants that still retain their conical structure we can quote from North to South of the country the following ones. In the Northern part of Guancaste, in La Cruz, emerges ElHacha very eroded cone rising 600 meters high, being at the foot of the Orosi volcano on its Western flank. The cone emerges from the ignimbritic plateau of the Bagaces formation. Its activity probably dates from the upper Miocene and could extend to the lower Pleistocene. (Bergoeing 1998).

Fig. 2. Volcán El Hacha. Remanente de una vieja estructura volcánica del Mioceno datada de 10.9 M.a. (Mac Millan *et al*., 2004) que emerge sobre la meseta de ignimbritas y donde subsisten el cráter principal y pequeños domos. (Fotografía cortesía de Guillermo Alvarado Induni).

Fig. 2. El Hacha volcano. Remnants of an old volcanic structure of the Miocene, dated 10.9 M.y. (Mac Millan *et al*., 2004) emerging on the ignimbrites plateau and where there still the main crater ans small domes. (Photo courtesy of Guillermo Alvarado Induni).

Siguiendo hacia el sur-este, pero siempre en la vertiente del Pacífico, existen viejas estructuras volcánicas asociadas a la Cordillera de Tilarán. A pocos kilómetros de Cañas resalta entre ellas lo que queda de un cono piroclástico conocido como Cerro Chopo o Asunción, estudiado por primera vez por Sergio Mora (Mora 1977) y posteriormente por Alvarado *et al*. (2010). Es un viejo cono piroclástico asociado con lavas basálticas y fragmentos explosivos, El material de este cono ha sido utilizado para el lastre de carreteras por su material naturalmente arenoso y por ello parte de su flanco ha desaparecido como se puede apreciar en las fotografía adjunta.

Continuing towards the South-East but always on the Pacific watershed, there are old volcanic structures associated with the Tilaran volcanic Range. A few kilometers of Cañas city are the remains an old pyroclastic cone known as Cerro Chopo or Asuncion, that has been studied by Sergio Mora for the first time (Mora 1977) and subsequently by Alvarado *et al*. (2010) it's an old pyroclastic cone with explosive fragments associated with basaltic lava flows. This cone material has been used for road ballast by its naturally Sandy material and therefore part of its flank has gone as you can see in the accompanying photo.

Fig.3   Volcán Chopo. (Foto cortesía de Guillermo Alvarado Induni).

Fig. 3.   Chopo volcano, (Photocourtesy of Guillermo Alvarado Induni).

LA CORDILLERA DE TILARÁN

La cordillera volcánica de Tilarán, que se extiende por unos 50 km de largo, es una unidad montañosa con una superficie mucho más pequeña que la de las cordilleras de Talamanca o Central. Sus límites naturales son el lago Arenal al norte, el río San Lorenzo al noreste que le sirve de frontera con la cordillera Central y los Montes del Aguacate al sur, en contacto con la cordillera de Talamanca.

Tilarán se prolonga al sur hasta el río Tárcoles, si consideramos los Montes del Aguacate (misma génesis) como formando parte integral de esta unidad. En efecto, por su historia geológica y por la naturaleza de sus rocas y de sus edades, podemos incluir también la cordillera que se sitúa al sur del río Tárcoles y que parte de Santiago de Puriscal. Esta parte culmina con la cima volcánica aislada del cerro Turrubares (1.756 m) que domina el litoral Pacífico.

La cordillera de Tilarán es el producto casi exclusivo de una actividad volcánica del Mioceno al Plioceno cuyos depósitos se han reagrupado bajo el nombre de grupo o formación

THE TILARAN VOLCANIC RANGE

The Tilaran volcanic Range stretches for about 50 km in length. It's a mountainous unit with an area much smaller than the Talamanca or Central Ranges. Its a natural boundaries are to the North, Arenal Lake, to the Northeast San Lorenzo River serves as border with the Central Mountain range and to the South the Aguacate Mountains in contact with the Talamanca Mountain range.

Tilaran volcanic Range extends South of the Tarcoles River, if we consider The Aguacate Mountains as forming an integral part of this unit. Indeed by its geological history and the nature of the rocks and theirs ages we can also include the Mountain Range that lies Southern of Tarcoles River and also Santiago de Puriscal sector. This part ends with the volcanic peak of Turrubares (1.756 m.) overlooking The Pacific coast.

The Tilaran Mountain Range is the almost exclusive product of volcanic activity of the Miocene to Pliocene whose deposits have been regrouped under the name of Aguacate Formation (Madrigal 1972) wich includes a large number

Aguacate (Madrigal, 1972), que comprende una gran serie de rocas efusivas. La mayoría de los focos volcánicos de esta cordillera han desaparecido o son irreconocibles por la erosión. Sin embargo algunos elementos de domos, cráteres, necks y calderas subsisten, tales como la caldera de Palmares o la unidad volcánica Pelón-Mondongo-Tinajita (Bergoeing et al. 1978), así como antiguos focos volcánicos: cerro Tilarán, cerro Pelado – Delicias, Chopo, Los Perdidos, Poco Sol, Pelados-Herrera, Espíritu Santo (MORA, 1977) y el cerro Macho Chingo – Pelón (Alvarado, Paniagua y Tejera, 1980). Los autores precitados sitúan estos antiguos centros de emisiones volcánicas en el mapa "del vulcanismo Plio-Pleistoceno".

of effusive rocks. Most of the volcanic emission centers of this mountain range have disappeared or are unrecognizable due to erosion. However some elements of domes, craters, neks and calderas remain, such as the Palmares caldera or the Pelon-Mondongo –Tinajita volcanic ensemble (Bergoeing et al. 1978) as well like ancient emission centers like ; Tilarán, Pelado-Delicias, Chopo, Los Perdidos, Poco Sol, Pelados-Herrera, Espíritu Santo, (MORA, 1977) and the Macho Chingo – Pelón hill. (Alvarado, Paniagua & Tejera,1980). The above mentioned authors place these ancient volcanic emission centers on the "Plio-Pleistocene volcanism" map.

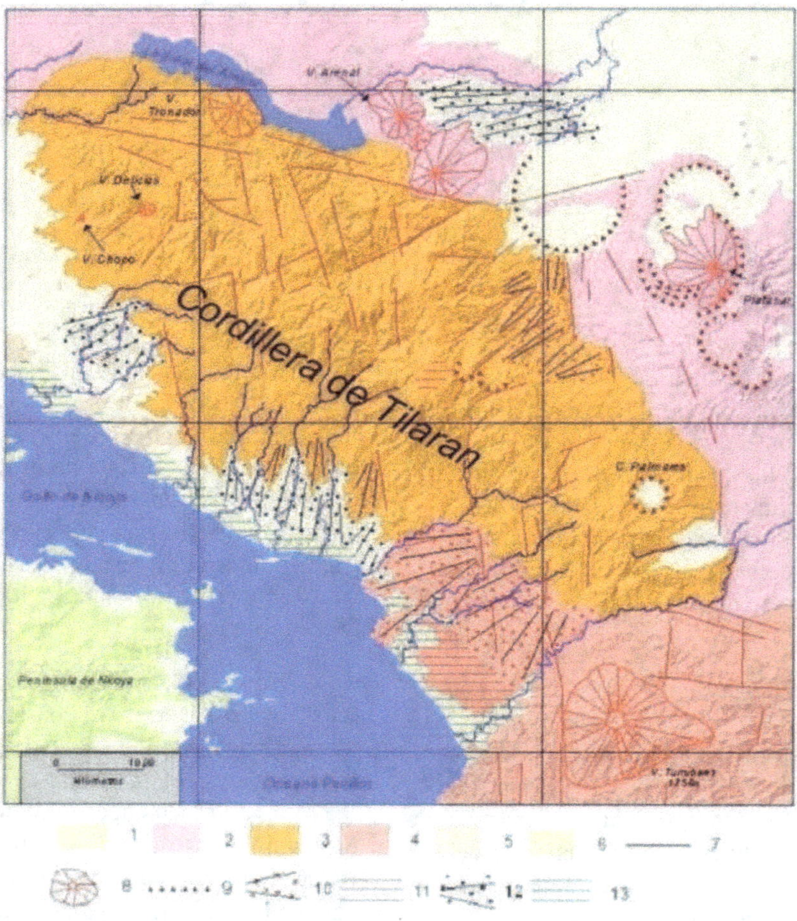

1- Área sedimentaria Cuaternaria. Quaternary sedimentary area. 2- Área de vulcanismo Cuaternario. Quaternary volcanism area 3- Área volcánica de Tilarán (Mioceno-Plioceno). Tilaran's volcanic area (Miocene-Pliocene). 4- Área de vulcanismo Cretácico-Terciario. Cretaceous-Tertiary volcanism area. 5- Área sedimentaria. Terciario Tertiary sedimentary area. 6- Área sedimentaria Cretácico-Terciario. Creatceous Tertiary sedimentary area. 7- Fallas tectónicas indiferenciadas. Undifferentaited tectonic faults. 8- Conos volcánicos. Volcanic cones 9 -Calderas. Calderas. 10- Conos laháricos. Laharic fans. 11- Mesetas estructurales. Structural plateaus .12- Conos aluviales. Alluvial fans. 13- Llanuras de inundación. Flood plains.

Fig. 4.   Cordillera volcánica de Tilarán. (J. P. Bergoeing 2011).

Fig. 4.   Tilaran´s volcanic Range. (J. P. Bergoeing 2011).

Esta cordillera Volcánica sigue la orientación general del país, cuyo eje es noroeste-sureste. Posee dos vertientes bien definidas.: La vertiente noreste, o vertiente de San Carlos, que vierte sus aguas en la llanura de inundación del norte, donde los ríos, siguiendo un trazado sinuoso, son afluentes del río San Juan. La vertiente suroeste o vertiente del Pacífico que se subdivide en tres sectores:

■ Sector norte, comprendido entre los ríos Cañas y Barranca,

■ Sector sur, comprendido entre los ríos Barranca y Tárcoles,

■ Sector del cerro Turrubares.

This volcanic range follows the general orientation of the country whose axis is Northwest-Southeast. It has two well defined aspects: The Northeast watershed or San Carlos slope which pours its waters into the Northern flood plain, where rivers following a winding path are tributaries of the San Juan River. The Southwest side or Pacific slopes is divided into three sectors:

■ Northern sector, between Cañas and Barranca Rivers,

■ Southern sector, between Barranca and Tarcoles Rivers,

■ Turrubares Mountain sector.

Fig. 5. Complejo volcánico Pelón, Tinajita y Mondongo en los cerros del Aguacate. (Foto J. P. Bergoeing. 1980)

Fig. 5. Pelón, Mondongo and Tinajita volcanic complex in the Aguacate's Range (Photo J. P. Bergoeing. 1980).

Ya en el valle Central occidental, en el sector de Palmares, encontramos la caldera de colapso más espectacular del sector. Se trata de un antiguo edificio volcánico, del Plioceno, que colapsó a comienzos del Cuaternario. De ellos queda como testimonio los diques dacíticos de su rim. El vulcanismo post-colapso sin embargo se prosiguió dando origen al cono volcánico conocido como Cerro Espítu Santo (1.353 m.). La historia de la caldera de Palmares se prolonga durante el Pleistoceno inferior ya que albergó un lago. En sus aguas, se depositaron cenizas volcánicas de los conos volcánicos que se edificaban a proximidad, en lo que será la cordillera Central (Espiritu Santo, volcán Chayote). Dicha cenizas

Already in the Western Central Valley, in the Palmares sector, we find the most spectacular collapsed caldera of the area. It's an ancient volcanic building from the Pliocene, which collapsed at the beginning of the Quaternary remaining as testimony the rim with dacitic dykes. Post collapse volcanism is however continued giving rise to the Espiritu Santo volcanic cone (1.353 m.) The history of the Palmares collapsed caldera extends over the Lower Pleistocene since it housed a lake. In its waters volcanic ash from the nearby volcanic cones, (Espiritu Santo, Chayote) were deposited. The ashes were locked up in small spherical clayed matrix coffee color and were deposited in the

se vieron encerradas en pequeñas matrices arcillosas esféricas color café, del tamaño de una canica, por efecto de los movimientos rotativos de las aguas del lago y se fueron depositando en el fondo. El lago antes de colmatarse completamente se vació hacia el este, aprovechando la zona de debilidad de la falla tectónica del río Grande, el cual aprovechó la zona de trituración de las rocas para socavar un profundo cañón.

bottom. The lake, loose all its waters being dredged and emptied Eastward, taking advantage of a weakness area by the tectonic fault of the Rio Grande River undermining a deep canyon.

Fig. 6.   Caldera de Palmares. La ciudad está construída sobre una base volcánica evolucionada a paleo-lacustre, al fondo parte del rim de la caldera. (Foto J. P. Bergoeing 2013).

Fig. 6.   Palmares caldera. The city is built on a volcanic base evolved to paleo-Lake, in the foreground the rim of the caldera. (Foto J. P. Bergoeing 2013).

EL SECTOR NORTE DE COSTA RICA

La gran llanura del norte de Costa Rica es una vasta zona deprimida que corresponde a la prolongación del Graben de Nicaragua que se ha colmatado con los aportes fluviales de los sedimentos volcánicos de las cordilleras Central y de Guanacaste. Sin embargo en el sector fronterizo con el río San Juan, entre los cursos inferiores de los ríos Pocosol y San Carlos, emergen una serie de viejas estructuras volcánicas datadas del Mioceno donde prevalecen mesetas estructurales y domos volcánicos dacíticos entre el cerro El Jardín y Cerro La Mona, así como algunas calderas y cráteres muy erosionados. Este vulcanismo corresponde a las ascensiones magmáticas del neógeno de Costa Rica, consignadas en el mapa geológico de Costa Rica 1:400.000 de Denyer y Alvarado 2007. Las rocas volcánicas están representadas por la formación Cureña y están compuestas principalmente por coladas de basaltos hipersténicos, y de andesitas augitas y brechas volcánicas, aglomerados, brechas y tobas. Se encuentra en pequeños sectores de San Carlos, en el cerro Pocosol, laderas noroeste y noreste del cerro Los Perdidos, así como pequeños sectores próximos al límite con la República de Nicaragua. El vulcanismo descrito descansa en parte con sedimentos marinos de la Formación Venado y pequeños afloramientos de peridotita serpentinizada asociada a los afloramientos de Santa Elena.

THE NORTHERN SECTOR OF COSTA RICA

The great Northern plain of Costa Rica is a vast depressed area that correspond to the Nicaragua Graben extension that has been flooded with fluvial sediments coming from the Central and Guanacaste volcanic Ranges. However in the bordering sector of San Juan River, between the lower courses of the Pocosol and San Carlos Rivers emerge a number of old volcanic structures dating from the Miocene where prevail structural plateaus and dacitic volcanic domes like El Jardin and La Mona hills, as well as some calderas and much eroded craters. This volcanism corresponds to magmatic ascents from the Neogene of Costa Rica contained in the geological map of Costa Rica 1:400.000 (Denyer & Alvarado 2007). Volcanic rocks belongs to Cureña Formation and are mainly composed by hypersthenes basaltic lava flows, augitic andesites, volcanic breccias, volcanic agglomerates and tuffs. They exist in small sectors of San Carlos and Pocosol hill and inthe Northeast slopes of Los Perdidos hill as well in small areas closer to the border with the Nicaragua Republic. The described volcanism rest partly with marine sediments of the Venado Formation and small outcrops of serpentinized peridotite associated with Santa Elena outcrops.

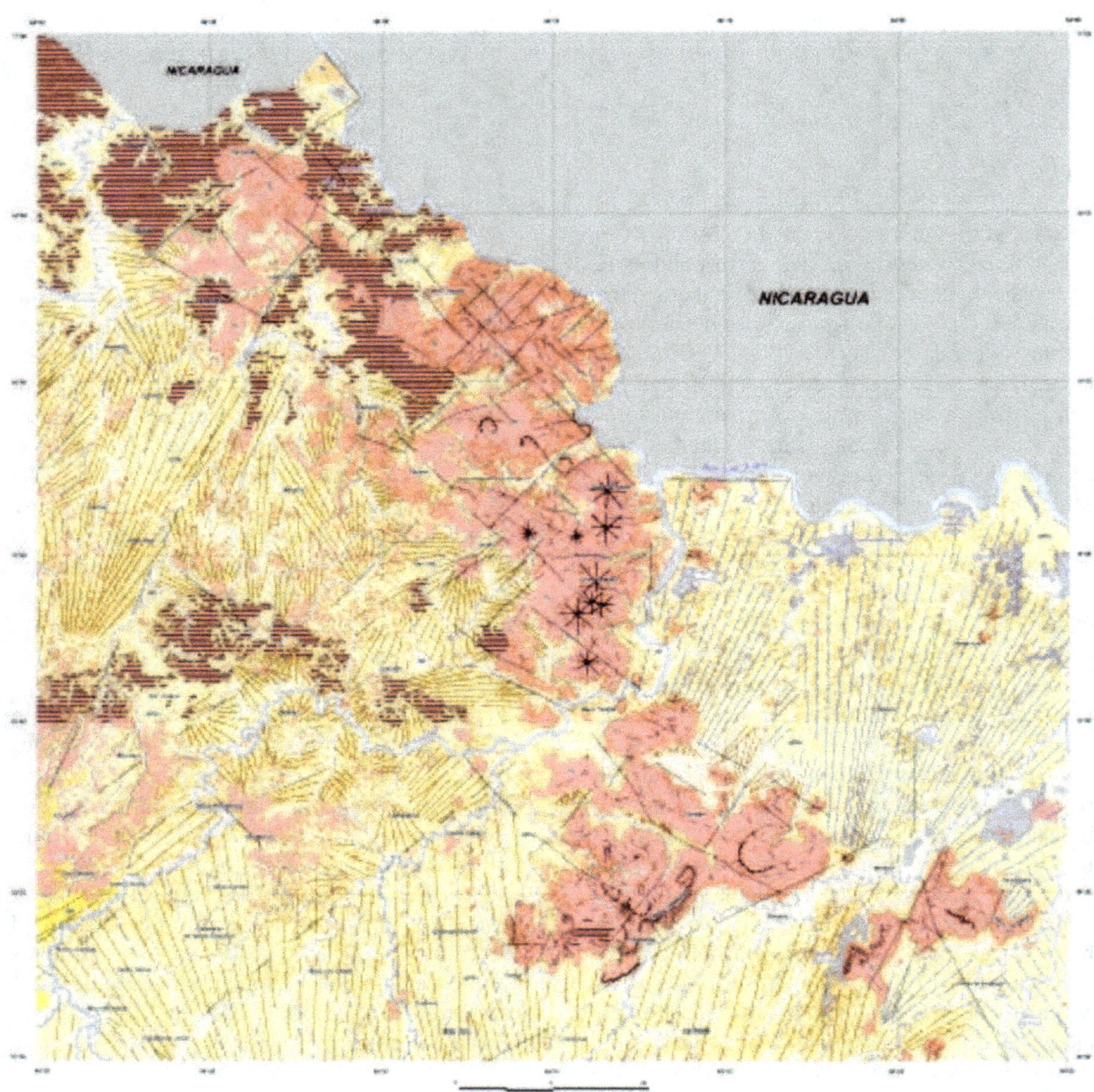

Fig. 7. Meseta volcánica de San Carlos al norte y centro del mapa. Viejas estructuras volcánicas del Mioceno entre la margen sur del Río San Juan y la margen oeste del río San Carlos que aún emergen entre los sedimentos de los conos aluviales y glacis acumulados durante el Cuaternario. (Tomado del Atlas Geomorfológico del Caribe de Costa Rica a escala 1:100.000 mosaico N.° 4 de J. P. Bergoeing *et al*. 2010).

Fig. 7. San Carlos volcanic plateau, in the North and center of the map. Old Miocene volcanic structures emerging between the San Juan River South Bank and the San Carlos River West bank , between sediments of alluvial fans and glacis accumulated during the Quaternary. (Taken form The Geomorphologic Atlas of the Caribbean of Costa Rica 1:100.000 scale, mosaic N.° 4 J. P. Bergoeing *et al*. 2010),

La llanura del Caribe, uniformemente plana, está marcada por algunos relieves volcánicos aislados de 100 a 200 m de altitud y que corresponden a coladas Plio-Cuaternarias. El cono estromboliano de Tortuguero, es el único testigo calco alcalino en la línea de costa flandense que sirvió de punto de apoyo al desarrollo de ésta. El volcán Tortuguero es un pequeño cono de piroclastos mal soldados que se eleva a solo 300 metros de altitud. Es posible que se trate de un volcán Holoceno de formación reciente que emergió en el mar de entonces y donde vinieron a pegarse los cordones litorales post-flandenses (6.000 años B.P.) El volcán es típicamente oceánico formado por bloques compactos de basaltos grises sanos con fenocristales de olivino y augita y feldespatos alcalinos intersticiales. (Tournon 1972). Más al norte la colada de basanitas de Colorado ha sido datada en 1.20 M.a (Bellon y Tournon, 1978). En Nicaragua, más allá de la frontera de San Juan, estos relieves volcánicos han tenido un desarrollo más importante al comienzo del Cuaternario.

The Caribbean uniformly flat plain is marked by some isolated volcanic reliefs going from 100 to 200 meters corresponding to Plio-Quaternary volcanic activity. Tortuguero´s volcanic cone it´s the only alkaline tracing witness on the Flandrian Caribbean waterfront that served to support the development of the coastal ridge. Tortuguero's volcano is a small cone of poorly welded pyroclastic rock which rises 300 meters from sea level. It's possible to be an Holocene recent volcano, emerging from the sea and where it came to stick pots Flandrian coastal cords (6.000 years B.P.) This is a typical oceanic volcano made up of compact blocks of healthy gray basalt with olivine an augite fenocristals and interstitial alkali feldspars. (Tournon 1972), To the North, the Colorado's basanite lava flow has been dated at 1.20 M.y. (Bellon &Tournon 1978). In Nicaragua, beyond the border of San Juan River these volcanic reliefs have had a most important development at the beginning of the Quaternary.

Fig. 8.   Cono basáltico de Tortuguero, Costa del Caribe de Costa Rica. (Foto. J. P. Bergoeing 2012).

Fig. 8.   Tortuguero's basaltic cone, Caribbean coast of Costa Rica. (Photo J. P. Bergoeing 2012).

EL ANTIGUO VULCANISMO DE LA CORDILLERA DE TALAMANCA

Poco a poco la cordillera de Talamanca ha ido dejando entrever su pasado volcánico a medida que las investigaciones en terreno se intensifican. Así en su vertiente del Caribe, Tournon (1980) describe por primera vez una serie de calderas de explosión a lo largo de la Fila Matama. La observación de imágenes satelitales radar ha permitido identificar una serie de estructuras de origen volcánico. Ello no escapó al ojo avisado del Dr. Jean Tournon, geólogo francés de la Universidad de Paris VI, *Pierre et Marie Curie*, el cual dejó consignado en su mapa geológico a escala 1:500.000, publicado en 1995 en Dieppe Francia, que el sector mencionado estaba salpicado por una serie de estructuras basálticas datadas del Plioceno, asociadas con intrusivos formados en su mayoría por dioritas y monzonitas cuarcíferas así como por granitos y gabros. El mapa geológico de Percy Denyer y Guillermo Alvarado de 2007, a escala 1:400.000 y publicado por la Librería Francesa de San José, retoma parte de la la información anterior indicado que se trata de extensas zonas volcánicas, datadas del Mioceno hasta fines del Plioceno que descansan y cohabitan con formaciones sedimentarias marinas compuestas por areniscas, lutitas y conglomerados. Las estructuras volcánicas anteriormente mencionadas se refieren en su mayoría a calderas de colapso de dimensiones variables que se sitúan alrededor de los 6 km de diámetro.

OLD VULCANISM OF TALAMANCA'S MOUNTAIN RANGE

Little by Little Talamanca's Mountain Range has been hinting its volcanic past thanks to intensifying research in land. Thus in the Caribbean watershed, Tournon (1980) describes for the first time a series of explosion calderas along the Matama's mountain chain. The observation of satellite radar imagery has permitted to identified a series of volcanic structures, This didn't escape the warned eye of Jean Tournon of the University of Paris VI *Pierre et Marie Curie* which left recorded in his geological map 1:500.000 scale published in Dieppe, France in 1995, he mentioned a sector punctuated by a series of basalt structures dated form the Pliocene, associated with intrusive formed mostly by diorites and ledge mozonites as granite and gabbros. The 2007 geological map of Percy Denyer and Guillermo Alvarado scale 1:400.000 published by Libreria Francesa of San José takes up part of the indicated information which is of vast volcanic areas, dating from the Miocene to late Pliocene that rest and cohabit with marine sedimentary formations composed by sandstones, Shale and conglomerates. Volcanic structures above refer mostly to collapsed calderas of variable dimensions which are situated around 6 km. diameter.

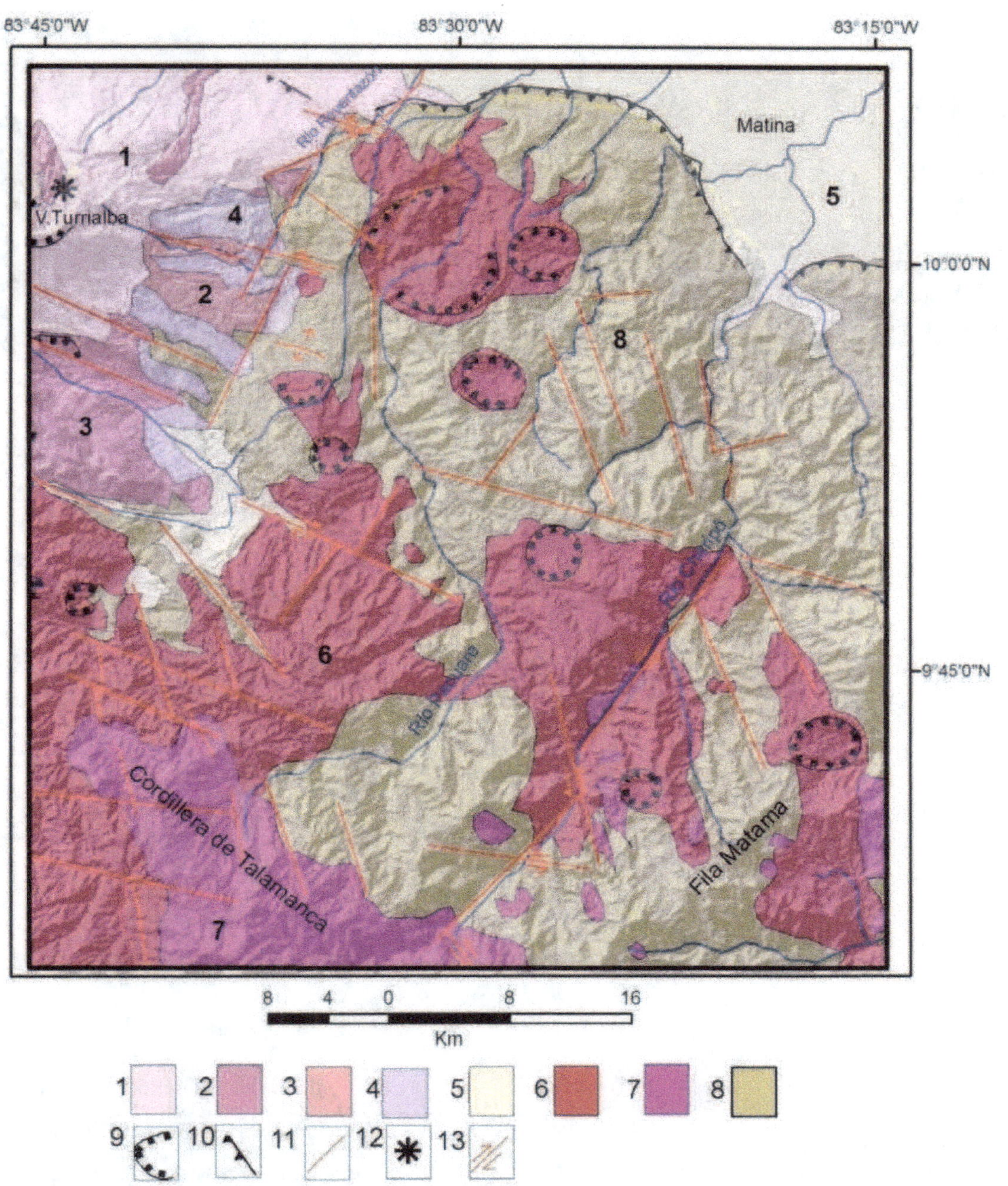

1- Vulcanismo Pleistoceno Superior. Upper Pleistocene volcanism. 2- Vulcanismo Pleistoceno Medio. Middle Pleistocene volcanism. 3 y 4- Vulcanismo Pleistoceno Inferior. Lower Pleistocen volcanism. 5- Cuaternario, Sedimentación continental y de transición marino-costera. Quaternary. Continental sedimentation transition to marine coastal. 6- Vulcanismo Terciario de Talamanca, (Mioceno –Plioceno). Talamanaca's Tertiary volcanism (Miocene-Pliocene). 7- Instrusivo granodiorítico de Talamanca. Talamanca's intrusive granodiorite. 8- Sedimentario Terciario (Formaciones Uscari, Senosri). Tertiary sedimentary (Uscari, Senosri Formations). 9- Calderas volcánicas. Volcanic calderas. 10- Fallas inversas. Reversed faulting. 11- Fallas indiferenciadas. Undifferentiated faults. 12- Cráter del Turrialba. Turrialba's crater. 13- Fallas de corrimiento. Sliding faults.

Fig. 9. Estructuras caldéricas en la vertiente del Caribe de la cordillera de Talamanca que datan del Plioceno y se formaron en medio marino antes de la orogénesis. Imagen satelital radar modificada por el autor (D:CR_radar\CR_Hillshades\).

Fig. 9. Caldera structures in the Caribbean watershed of Talamanca's Range wich date back to the Pliocene and formed in the sea bed before the orogeny. Satellite image amended by the author(D:CR_radar\CR_Hillshades\).

Fig. 10.   Caldera y Rim de Moravia en Grano de Oro, cordillera de Talamanca. (Foto J. P. Bergoeing 2010).

Fig. 10.   Moravia's Grano de Oro caldera and rim, Talamanca Range. (Photo J. P. Bergoeing 2010).

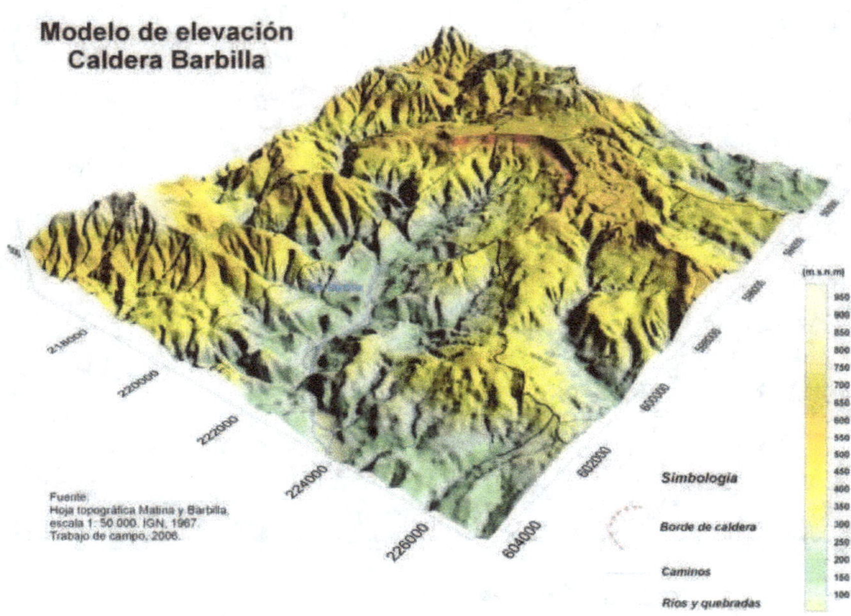

Fig. 11.   La Caldera de Barbilla, descrita por primera vez en 2009 por Bergoeing *et al*. Es una estructura de unos 6 km de diámetro que emerge entre sedimentos marinos del Mioceno y colapsa en el Plioceno. Es una típica estructura volcánica marina, solevantada por la orogénesis de Talamanca. (Imagen digital Denis Salas González, PROIGE, UCR 2006).

Fig. 11.   Barbilla's caldera described for the first time by Bergoeing *et al*. is a structure of about 6 km diameter that emerges between marine sediments of the Miocene and collapsed in the Pliocene. It's a typical marine structure raised by the Talamanca's orogeny (Digital image Denis Salas Gonzalez, PROIGE, UCR 2006).

Siguiendo más al sur, existen igualmente viejas estructuras volcánicas. Las encontramos en la Cordillera Costeña como el alineamiento Mio-Pliocénico que va desde el volcán Mano de Tigre, pasando por los cráteres del Doboncragua hasta el volcán China Kichá. Desde el sector de Paso Real hasta China Kichá, la Cordillera Costeña en su límite con el río General, se caracteriza

Following Southern, there are also old volcanic structures. Founded in the Costeña's Mountain Range exist the Miocene-Pliocene volcanic alignment starting with Mano de Tigre's volcano, Doboncragua craters till China Kicha's volcano. From Paso Real sector to China Kicha the Costeña Mountain Range on its border with El General River is character-

por un modelado volcánico, donde sobresalen una serie de edificios muy alterados por la erosión. El sector conocido geológicamente como Formación Paso Real, compuesta por conglomerados volcánicos es en realidad un complejo volcánico del Plioceno. Bergoeing ya había reconocido la estructura del volcán Mano de Tigre que se impone en el sector de El Brujo y que tiene una edad de 10 millones de años. (Bergoeing *et al*, 1978). A partir de este punto hay una diversidad de formas volcánicas, restos de cráteres, calderas, planezes asociados a lahares en estado muy alterado. Más al norte destaca un complejo volcánico particular que correspondería al cono volcánico de China Kichá, donde es posible observar un cráter en el propio sector del poblado y dos estructuras caldéricas, (sólo visibles en imágenes satelitales radar.

ized by a volcanic modeling, where a series of buildings composed of volcanic conglomerates being actually a volcanic complex of the Miocene to the Pliocene. Bergoeing had already recognized the structure of Mano de Tigre's volcano which is imposed in the sector of El Brujo and has an age of 10 million years (Bergoeing *et al*.,1978). From this point there is a diversity of volcanic forms, remains of craters, calderas, planezes, associated with lahars very altered. Further to the North highlights a particular volcanic complex that would correspond to the volcanic cone of China Kicha, where is possible to observe a crater in its center and two structures inside. Only visible in satellite radar images.

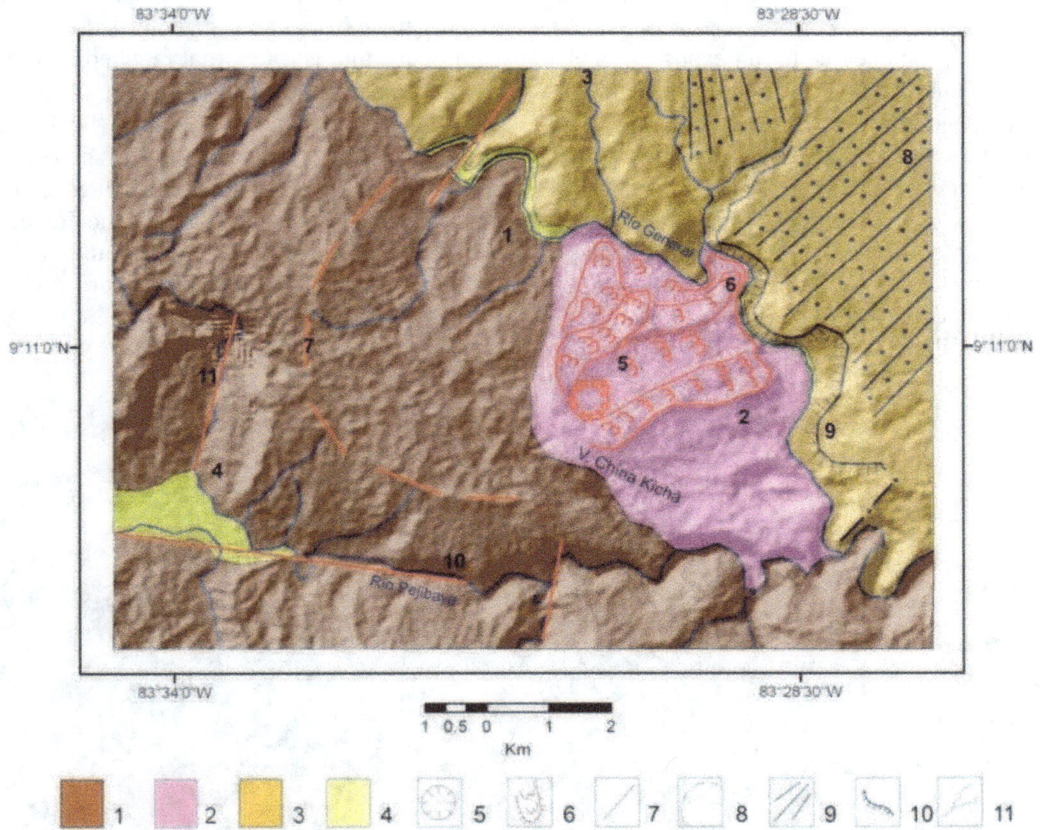

1- Sedimentos del Terciario. Tertiary sediments. 2- Vulcanismo del Plioceno. Pliocene volcanism. 3- Depósitos del Pleistoceno inferior a medio. Lower to Middle Pleistocene deposits. 4- Sedimentos fluviales del Holoceno. Holocene fluvial sediments. 5- Crater del China Kicha. China Kicha´s crater. 6- Deslizamientos de terreno. Landslides. 7- Posible caldera. Possible caldera rim. 8- Conos de deyección. Alluvial fans. 10- Taludes de erosión. Erosion talus. 11- Red hídrica. Hydrological frame.

Fig. 12. Imagen satelital-radar del sector China Kichá donde se puede observar El cono basculado y un cráter central así como antiguas coladas de lava. (D:CR_radar\CR_Hillshades\).

Fig. 12. China Kichá's sector satellite radar image of where you can see the fitting cone and the central crater as well as ancient lava flows. (D:CR_radar\CR_Hillshades\).

Finalmente, la cordillera de Talamanca, en su extremo sur, esconde una serie de pequeños conos volcánicos que no son más que la prolongación del sistema volcánico anteriormente descrito entre el China Kichá y el Mano de Tigre.

El área se caracteriza por ser montañosa, disimétrica, con una vertiente abrupta que cae al Pacífico y una con pendientes más suaves que se dirigen al Caribe. Se trata de un área eminentemente volcánica donde sobresale la Caldera del cerro Fabrega, abierta hacia el oeste así como los conos volcánicos) del cerro Frantzius (2.134 m) del cerro Pittier (2.844 m) del Cerro Gemelo (2.702 m) y de otros edificios que se encuentran más al sur- oeste. Estos dos últimos conos volcánicos podrían ser conos post-colapso de la caldera de Fábrega. El vulcanismo que se origina en el Mioceno superior se prolongó hasta fines del Plioceno y es probable que haya llegado hasta el Cuaternario inferior. Se trata de rocas basálticas a andesíticas en el momento en que se inicia la orogénesis de Talamanca. Las rocas más antiguas del sector son sedimentarias y corresponden a lutitas y conglomerados de comienzos del Terciario (Paleoceno-Eoceno) Están plegadas formando sinclinales y anticlinales y en el sector de contacto recubiertas por los depósitos volcánicos de fines del Terciario.

Finally, the Talamanca mountain range, at its southern end, conceals a series of small volcanic cones that are nothing more than the extension of the volcanic system previously described between Mano de Tigre and China Kicha volcanoes.

The area is characterized to be mountainous and dissymmetrical with a steep slope falling to the Pacific, and more gentle slopes which are directed to the Caribbean. It's an eminently volcanic area where stands Fabrega's collapsed caldera, open to the West as well as the volcanic cones of Frantzius (2.134 m), Pittier (2.844 m), Gemelo (2072 m.) and other buildings more South-West. These two recent volcanic cones could be cones raised after the Fabrega's caldera collapsed. The volcanism that originates in the Upper Miocene lasted until the end of the Pliocene and is likely that reached up the lower Quaternary. It is of basaltic to andesitic rocks in the moment in which begins the Talamanca orogeny. The oldest rocks in the sector are sedimentary. Shale and conglomerates of the beginning of the Tertiary (Paleocene-Eocene) and are folded forming synclines and anticlines, and in the contact sector they are covered by Tertiary volcanic deposits.

Fig. 13. Volcán Frantzius, recubierto por un bosque denso. En primer plano coladas volcánicas entalladas por el sistema fluvial. (Foto J. P. Bergoeing 2010).

Fig. 13. Frantzius volcano covered by a dense forest. In the Forefront lava flows fitted by the fluvial system (Photo J. P. Bergoeing 2010).

Al volcán Irkibí se puede acceder a través de la finca Alturas. El cono volcánico se sitúa al este del volcán Frantzius siguiendo un alineamiento de extrusión magmática como ya se ha expresado anteriormente. Se compone de varias cumbres que dejan suponer otros tantos cráteres por donde fluyó la lava. El cono del cerro Chai de 2.100 metros forma con el Irkibí (2.210 metros) y más al este el Cerro Bellavista (2.048 metros) un conjunto volcánico compacto solo entallado por el río Cotilo. A los pies del cerro Chai, abundan las coladas de lava compuestas por dacitas según análisis de la Escuela Centroamericana de Geología.

Más al oeste, el río Bellavista separa al conjunto volcánico descrito de un nuevo sistema volcánico. Se trata de la fila Cedro de 2.132 metros cuya cumbre dibuja una antiguo caldera. Todos estos focos volcánicos, limitados al sur por el río Cotón, son probablemente del Plioceno. Entre ellos aparecen depósitos de rocas granodioriticas que nos indicarían una extrusión volcánica pliocénica a través del batolito granodiorítico Cretácico-Miocénico de Talamanca y que se prolongaría más al noroeste con el complejo volcánico Mano de Tigre-Doboncragua datados mediante K/Ar por Kessel en 1983 (Alvarado 2000) como del Plioceno con edades de 4 y 5 millones de años.

It's possible to access to Irkibi's volcano through Las Alturas estate. The volcanic cone is located Eastern of Franzius volcano, following an alignment of magma extrusion as already indicated above. It is composed of several summits that leave to assume other many craters where lava flowed. The ChaiMount cone (2.100 m.) is with Irkibi (2.210 m.) and further to East BellavistaMount (2.048 m.) a volcanic ensemble only fitted by Cotilo River. At ChaiMount foot, abounds lava flows composed of dacite according to the Central American School of Geology analysis.

Western, Bellavista River divide a new volcanic system. It's Cedro Mountain chain of 2.132 meters high whose Summit houses an old caldera. All these volcanic sources, limited South by Cotton River belongs probably to the Pliocene. Among them are granodiorite deposits that would indicate a Pliocene volcanic extrusion through the Talamanca's granodiorite Cretaceous-Miocene batholiths, and which would be extended Northwest with the volcanic complex Mano de Tigre-Doboncragua, dated K/Ar by Kessel in 1983 (Alvarado 2000) as belonging Pliocene aged 4 to 5 million years.

Fig. 14. Cono volcánico del Irkibi de 2.200 metros de altitud. Recubierto por una densa selva tropical de altitud, a sus pies se observan restos de coladas de lavas volcánicas. (Fotografía J. P. Bergoeing 2010).

Fig. 14. Irkibi volcanic cone (2.200 meters above sea level). Covered by a dense altitude tropical forest. At it's feet are remains of volcanic lava flows. (Photo J. P. Bergopeing 2010).

LAS MODERNAS CORDILLERAS VOLCÁNICAS CUATERNARIAS

Costa Rica, en términos geológicos, es un territorio muy joven, Forma parte de la placa tectónica del Caribe que colisiona con la placa del Coco. Como consecuencia de ello, la placa del Coco se hunde bajo la del Caribe, hasta alcanzar el Manto. Este proceso es llamado subducción. Ello ha tenido como consecuencia la formación de una fosa marina en la costa del Pacífico asociada a la subducción y por ello es una zona de importante actividad sísmica y volcánica.

Estas áreas de confrontación entre dos o más placas tectónicas que permanentemente colisionan hacen que una placa se subduzca bajo la otra creando un plano de deslizamiento conocido como plano de Wadatti-Benioff que se sumerge unos 700 km dentro de la Tierra, siguiendo un plano de inclinación de 40° a 60°, mientras que el plano ascendente da origen a nuevas montañas. La placa subducida, generalmente más densa, está compuesta por gabros y peridotiotas, y desciende gradualmente hacia el Manto superior de la Tierra donde se funde en el magma subyacente. Desde ahí ascensiones magmáticas se producen a través de la zona de colisión constituyendo cámaras magmáticas situadas a unos 8 a 10 km de profundidad en la corteza terrestre y que alimentan a los volcanes que son la expresión externa del ascenso magmático a la superficie. Es la diferencia de densidad entre la Litósfera oceánica que se intensifica con el tiempo y la densidad de la Atenósfera que crece a menor velocidad (durante un período de 50 millones de años la Litósfera se hace más densa que la Atenósfera) y se convierte en el verdadero motor de la subducción, La litósfera más pesada, debido a la gran densidad que adquiere con el tiempo tiene tendencia a hundirse. Las áreas de subducción son zonas de convergencia, también conocidas como márgenes activos en donde la sismicidad y el vulcanismo son más activos, y como ejemplo citaremos el "Cinturón de Fuego

THE MODERN VOLCANIC MOUNTAIN RANGES

In geological terms, Costa Rica is a very young territory. It's part of the Caribbean tectonic plate that collides with Coco's tectonic plate. As a consequence of the collision between both plates, a process called subduction is produced causing the Coco's tectonic plate to sink under the Caribbean plate towards the Upper Mantle. That's way an ocean trench has formed in the Pacific coast associated with the subduction, consequently it's an important seismic and active volcanic area.

These are areas of confrontation between two or more tectonic plates that collide in a permanent way. Of this collision, a plate is subduced under the other following a sliding plane known as Wadatti-Benioff zone, that submerges up to 700 km inside the Earth, following an inclination plane of 40° to 60°, while the other plane ascend giving origin to new mountains. The subdued plate which is generally denser, usually made of gabbro and peridotite, gradually descends towards the Earth's Upper Mantle and ends up smelting with the underlying magma. From there magma surges that infiltrate through the collision zone constituting magmatic reservoirs that feed volcanoes that are the external expression of the magmatic surface. These pockets of magma reserves are situated 8 to 10 km deep in the terrestrial crust. It's the difference in density between the oceanic lithosphere which becomes greater with time and the density of the athenosphere that grows at a lesser rate (during a period of 50 million years the lithosphere becomes far denser than the athenosphere), that woks as the true motor of subduction. The heavier lithosphere, due to its greater density acquires the tendency to sink. The subduction zones are convergence zones, also known as active boundaries, and that's where seismicity and volcanism are most intense, as example the "Pacific Ring of Fire".

del Pacífico". A finales del Cretácico emergió un rosario de islas volcánicas en el borde Pacífico de la América Central ístmica por efectos de la subducción, mientras que en la América Central nuclear se forman nuevas cadenas volcánicas durante el Terciario adyacentes a las tierras anteriormente emergidas, geológicamente mucha más antiguas. A finales del Plioceno, la orogénesis y una nueva fase volcánica darán origen a las cordilleras Central y de Guanacaste así como a la elevación de la Cordillera de Talamanca que alcanzará los 3.819 metros de altitud.

I. GEOMORFOLOGÍA DE LA CORDILLERA VOLCÁNICA CENTRAL

Towards the end of the Cretaceous, a volcanic islands chain emerge on the Pacific fringe of the Central American isthmus as a consequence of the subduction effects, while in the core of Central America new volcanic mountain ranges are formed during the Tertiary, adjacent to already emerged lands that are geologically older. Towards the end of Pliocene, a new volcanic phase, accompanied by a general uprising, in Costa Rica, gives way to the creation of the Central and Guanacaste's volcanic Ranges, as well the Talamanca Range raising, that will reach an altitude of 3,819 meters.

I. GEOMORPHOLOGY OF THE CENTRAL VOLCANICA RANGE

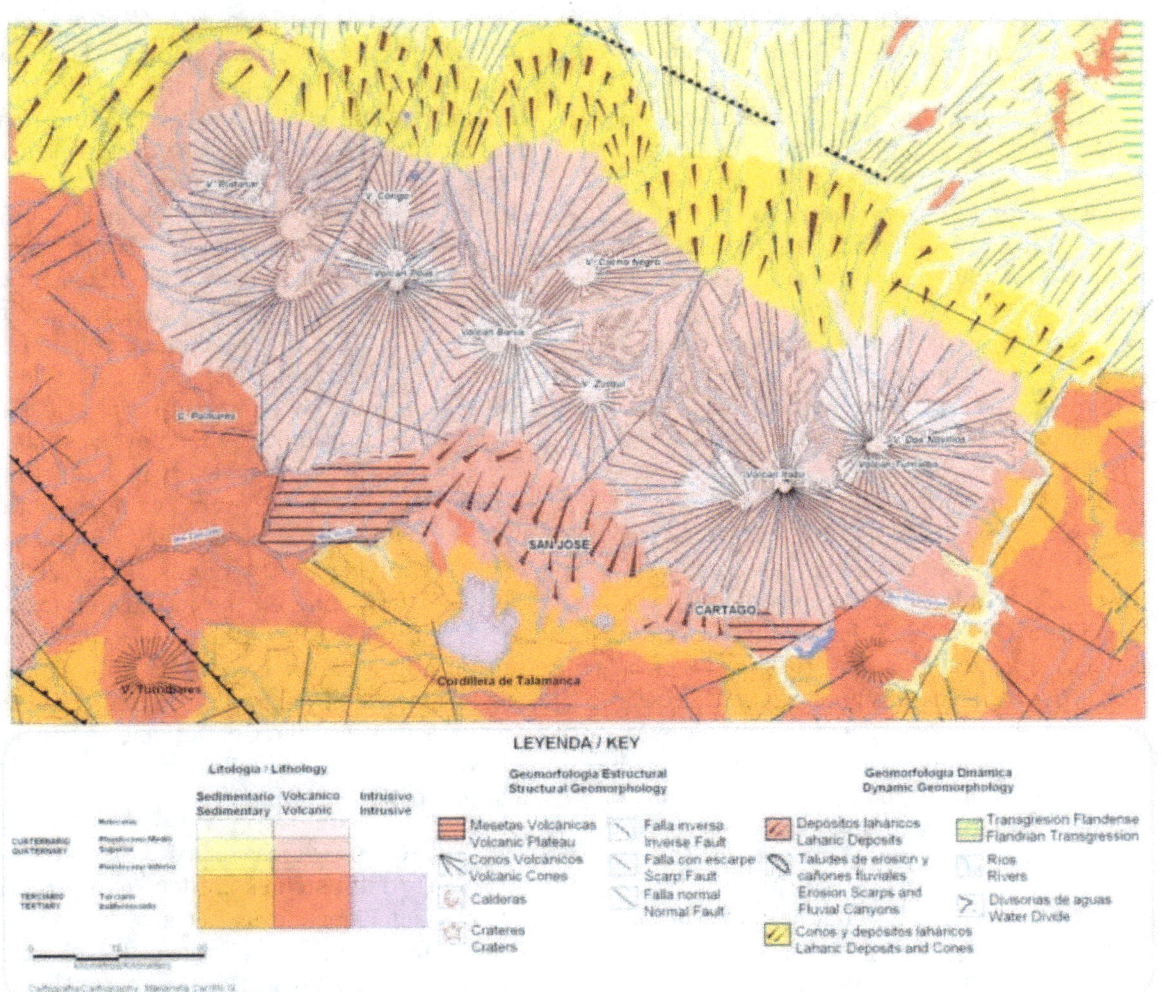

Fig. 15. Esquema Geomorfológico de la Cordillera volcánica Central de Costa Rica. J. P. Bergoeing 2008.

Fig. 15. Geomorphological representation of the Central volcanic Range of Costa Rica. J. P. Bergoeing 2008.

A- GEOMORFOLOGÍA ESTRUCTURAL

La Cordillera Volcánica Central, es el resultado de la construcción de cinco grandes edificios volcánicos, erigidos paulatinamente durante el Cuaternario. Ellos son: Turrialba, Irazú, Barva, Poás y el complejo Platanar-Porvenir. Cada uno posee una estructura y geomorfología propias, con conos gemelos, conos adventicios, planezes, coladas de lava, lahares y emisiones gaseosas y termales. Los cráteres actuales se encuentra alineados tectónicamente siguiendo una dirección noroeste-sureste.

El Valle Central, forma parte de la Cordillera Volcánica Central ya que es una prolongación de la misma. Constituye una vasta meseta estructural sobre todo en el sector occidental limitada por los entalles fluviales del río Grande y del río Virilla. El collado de Ochomogo separa el Valle Central en dos sectores: el occidental donde están asentadas las ciudades de San José, Heredia y Alajuela y el oriental donde se sitúan las ciudades de Cartago y Turrialba. La meseta central ocupa una posición tectónica de graben, bordeada por los horst de la Cordillera Volcánica Central y las fallas escalonadas de la cordillera de Talamanca. La meseta Central forma parte del basamento del sistema volcánico central. Se remonta al Pleistoceno inferior aunque sus primeras manifestaciones ocurren durante el Plioceno superior. Su base está compuesta por una poderosa serie de coladas basálticas. La estratigrafía evoluciona luego a series tobáceas que aparecen claramente en el cañón fluvial del Virilla y por último, las tobas están recubiertas por importantes depósitos de ignimbritas, con una potencia de 35 a 100 metros de espesor, dividida en dos unidades (Pérez, 2005). Esto testimonia de una acidificación cada vez más importante de los eventos eruptivos del vulcanismo central. La meseta central está finalmente recubierta por numerosos e importantes depósitos de lahares que descendieron del flanco sur de la Cordillera Volcánica Central y son muy visibles, formando cordones de colinas perpendiculares al río Virilla.

El sector oriental, donde están asentadas las ciudades de Cartago y Turrialba, está constituido por mesetas más pequeñas pero en general de la misma índole que la meseta central occidental, como son las mesetas de Paraíso y de

A-STRUCTURAL GEOMORPHOLOGY

The Central volcanic Range is the result of the construction of five large volcanic structures, gradually rising during the Quaternary period. They are; Turrialba, Irazu, Barva, Poas and Platanar-Porvenir complex. Each one has its own structure and geomorphology, with twin cones, adventitious cones, "planezes", lava flows, lahars and thermal and gas emissions. Presently the craters are tectonically aligned following a Northwest-Southeast direction.

Central Valley is part of the Central volcanic Range, being a prolongation of the range. It's a vast structural plateau; mainly on the occidental sector where it's bordered by the fluvial canyons of the Grande and Virilla's Rivers. Ochomogo's hill pass, separates Central Valley in two areas; the occidental one, where San Jose, Heredia and Alajuela cities are located, and the oriental area where Cartago and Turrialba cities can be found. The central plateau has a grabben tectonic position, bordered by two horsts; the Central volcanicRange and the Talamanca Rangestepped by tectonic faults. The Central plateau is part of the basement of the volcanic central system. This goes back to a structural plateau, although the first manifestation goes back to the Pleistocene, The basement is composed by powerful series of basaltic flows. The stratigraphy then evolves into a series of tuffs that appear clearly in the Virilla's canyon; these tuffs are covered with ignimbrite deposits, with a potency of 35 to 100 meters thickness, divided in two units (Perez 2005). This is a testimony on the increasing acidity of the eruptive events of the central volcanism. The Central plateau is covered with numerous an important lahars descending from the Southern flanks of the Central volcanic Range and very visible, forming hill cords perpendicular to Virilla's River flows.

The oriental area sector, where Cartago and Turrialba's cities are located is constituted of smaller plateaus but generally of the same nature as the Central plateau, like those of Paraiso and Juan Viñas. Between Turrialba and Bonilla Lakes, Reventazon River carves in its left margin, marine sedimentary Tertiary formations

Juan Viñas. Entre Turrialba y laguna de Bonilla, el río Reventazón entalla en su margen izquierda formaciones sedimentarias marinas del Eoceno al Mioceno (Tournon & Alvarado, 1995), sobre las cuales descansan antiguas coladas volcánicas y lahares. Los estrato-volcanes de la Cordillera Volcánica Central, más modernos cronológicamente que la meseta central, se sitúan en un margen comprendido entre el Pleistoceno medio a superior. Los actuales cráteres en su mayoría son del Holoceno. Probablemente los elementos que constituyen la base de la meseta Central, pueden encontrarse de modo esporádico en la vertiente norte de la Cordillera Volcánica Central, al ser entallados por los profundos cañones fluviales de los ríos Sarapiquí, Toro o Sucio. Esta vertiente, contrariamente a la vertiente sur, está constituida por espesores considerables de material eruptivo heterogéneo y como lo veremos más adelante, ha sufrido modificaciones importantes por efectos de mega-deslizamientos y deslizamientos secundarios que se han visto frenados en parte por la densa vegetación tropical de montaña.

B- GEOMORFOLOGÍA DINÁMICA

1- EL VOLCÁN TURRIALBA

El volcán Turrialba es el estrato-volcán más oriental de la Cordillera Central de Costa Rica. Se alza a 3.340 metros de altitud y en su cima presenta una serie de cráteres de los cuales, los tres principales, presentan actividad de fumarolas y emanaciones de gases sulfurosos. El volcán hizo erupción varias veces en el siglo XIX (1853, 1855, 1864-1866) con emisiones piroclásticas y fumarólicas intensas. Sus cenizas llegaron hasta el puerto de Corinto en Nicaragua. El cono superior actual, al igual que los otros de la Cordillera Volcánica Central, fue construido durante el Holoceno. Presenta coladas de lava que van de los basaltos a las dacitas. Se calcula que en los últimos 3.500 años ha manifestado al menos cinco grandes erupciones con emisiones lávicas. En 2007 su actividad se ha incrementado peligrosamente, con emisiones sulfúricas que afectaron a la población local.

from Eocene to Miocene (Tournon & Alvarado 1995), over which rest ancient lava flows and lahars. The stratus-volcanoes of the Central volcanic Range, chronologically more recent than the Central plateau, are situated between the Middle and the Upper Pleistocene. Most of the present craters, belongs to the Holocene, The elements constituting the base of the Central plateau can probably be found sporadically in the Northern slopes of the Central volcanic Range, as it's carved by deep canyons like Sarapiqui, Toro or Sucio's Rivers. On the opposite, with Southern slopes, this area is constituted by a considerably density of heterogeneous eruptive material and as well will see, it has undergone important modifications due to the effects of mega-landslides and secondary landslides that have been stopped due to mountain's dense tropical vegetation.

B- DYNAMIC GEOMORPHOLOGY

1- TURRIALBA'S VOLCANO

Turrialba's stratus-volcano is the most Eastern located volcano of Costa Rica's Central Range. It stands at an altitude of 3,340 meters and at its top has a series of four craters of which, three main craters present fumaroles activity and sulfuric gas emanation. The volcano erupted several times during the XIX century (1853, 1855, 1864-1866) with intense pyroclastic and fumaroles emissions. The ashes traveled all the way till Nicaragua's Corinto port. The present upper cone, like the rest of the cones of the Central volcanic Range, was created during the Holocene. It presents lava flows going from basalts to dacites. According to calculations, in the last 3,500 years there have been at least five significant eruptions with lava emissions. In 2007 its activity has incremented dangerously. With sulfuric emission affecting local populations.

Fig. 16. Cráteres del volcán Turrialba. (Foto aérea cortesía de Federico Chavarria Kopper 1999).

Fig. 16. Turrialba's volcano craters (Aerial photography courtesy of Federico Chavarria Kopper 1999).

La parte superior del cono, presenta una serie de "planezes", que son mesetas estructurales inclinadas, formadas por espesores considerables de lavas, y que descienden suavemente modelando las faldas del volcán. Se disponen, al sur, al este y al norte. Al este, la cima del cerro Dos Novillos corresponde a un cono volcánico que es el más oriental de la Cordillera Central. Las lavas más antiguas del volcán Turrialba (basalto-andesitas), se remontan a 2.15 M.a. es decir se sitúan a fines del Plioceno. Una de las coladas más interesantes del Turrialba es la de Peralta, en la vertiente sureste, que dibuja una meseta curvada en su extremo, que alcanza los 600 m. de altitud. Durante el Pleistoceno, represó el cauce del río Reventazón, dejando como testigos a las lagunas de Bonilla. A partir de ese punto y dirigiéndose hacia el norte, la parte inferior del cono del Turrialba está compuesto por poderosos conos de deyección coalescentes, constituidos por espesores importantes de lahares, provenientes de la actividad volcánica de este macizo. Las lavas del volcán Turrialba son semejantes a las del volcán Irazú aunque los basaltos no abundan, Se trata sobre todo de andesitas básicas. (Tournon, 1983).

The upper part of the cone presents a series of "planezes" being inclined structural plateaus, formed by considerable lava thicknesses that descend smoothly modeling volcano flanks. They are arranged towards South, North and East. To the East, the top of Dos Novillos peak corresponds to a volcanic cone which is the Easternmost of the Central volcanic Range. The oldest lava of the Turrialba volcano (basalt-andesite) goes back to 2.15 million years old, which is towards the end of Pliocene. One of the most interesting Turrialba's lava flows is the Peralta one, on the Southeastern slope, forming a curved plateau at its edge that is 600 meters high. During the Pleistocene, it damned the Reventazon Riverbed, leaving the Bonilla's Lakes as witnesses. From that point and going towards North the inferior part of Turrialba's cone is composed by coalescent fans constituted by powerfull lahars produced by the volcanic activity of this summit. Lavas from Turrialba's volcano are similar to that of Irazu's volcano althougg basalt do not abound, being mainly basic andesite (Tournon 1983).

Los conos coalescentes que descienden del Turrialba, evolucionan paulatinamente a conos aluviales y finalmente a glacis que se funden paulatinamente con la gran llanura del norte (graben de Nicaragua). Es interesante señalar igualmente las coladas de lava del Pleistoceno superior del sector de Guápiles, provenientes igualmente del Turrialba. En efecto a escasos kilómetros de esta ciudad se yerguen tres imponentes coladas andesíticas, que descansan sobre antiguos depósitos laháricos que forman parte de los conos coalescentes ya mencionados y en donde afloran manantiales de aguas subterráneas, que alimenta a la ciudad de Guápiles y tendrían la capacidad de alimentar en agua a todo el Valle Central.

La ciudad de Turrialba, al sur del cráter, está asentada sobre un accidente tectónico importante (falla NNO-SSE) recubierta por importantes espesores laháricos. El volcán Turrialba junto al volcán Irazú, forman el conjunto más oriental de la Cordillera Volcánica Central. La vertiente sur volcánica, constituyen el flanco norte del Valle Central Oriental. En ella se asienta una antigua estructura caldérica cuyos remanentes se extienden de Coliblanco a Juan Viñas.

Coalescent fans descending from Turrialba's volcano continually evolve into alluvial fans and finally into glacis that merge with the great Northern plain (Nicaragua's grabben). It's interesting to mention lava flows of late Pleistocene in the Guapiles area, also coming from Turrialba's volcano. As a matter of fact not far from Guapiles city there are three important lava flows resting on ancient lahar deposits forming part of the coalescent fans already mentioned and where underground water sources appear and provide water to Guapiles and could have the capacity to feed water for all the Central Valley.

The city of Turrialba, South of the crater, is located on an important tectonic accident (NNW-SSW tectonic fault) covered by lahar thicknesses. Turrialba's volcano along with Irazu volcano forms the first and easternmost group of the Central volcanic Range. The Southern slope constitutes the Northern flank of the Oriental central Valley. There is located an ancient explosion caldera structure whose remnants extend from Coliblanco to Juan Viñas.

Fig. 17. Cono del Volcán Turrialba visto desde el Volcán Irazú. Columna de gas y vapor emitida por el volcán. (Fotografía J. P. Bergoeing, 2012).

Fig. 17. Turrialba's volcano cone seen from Irazu's volcano. Volcano gas and steam column Emission. (Phtography J. P. Bergoeing. 2012).

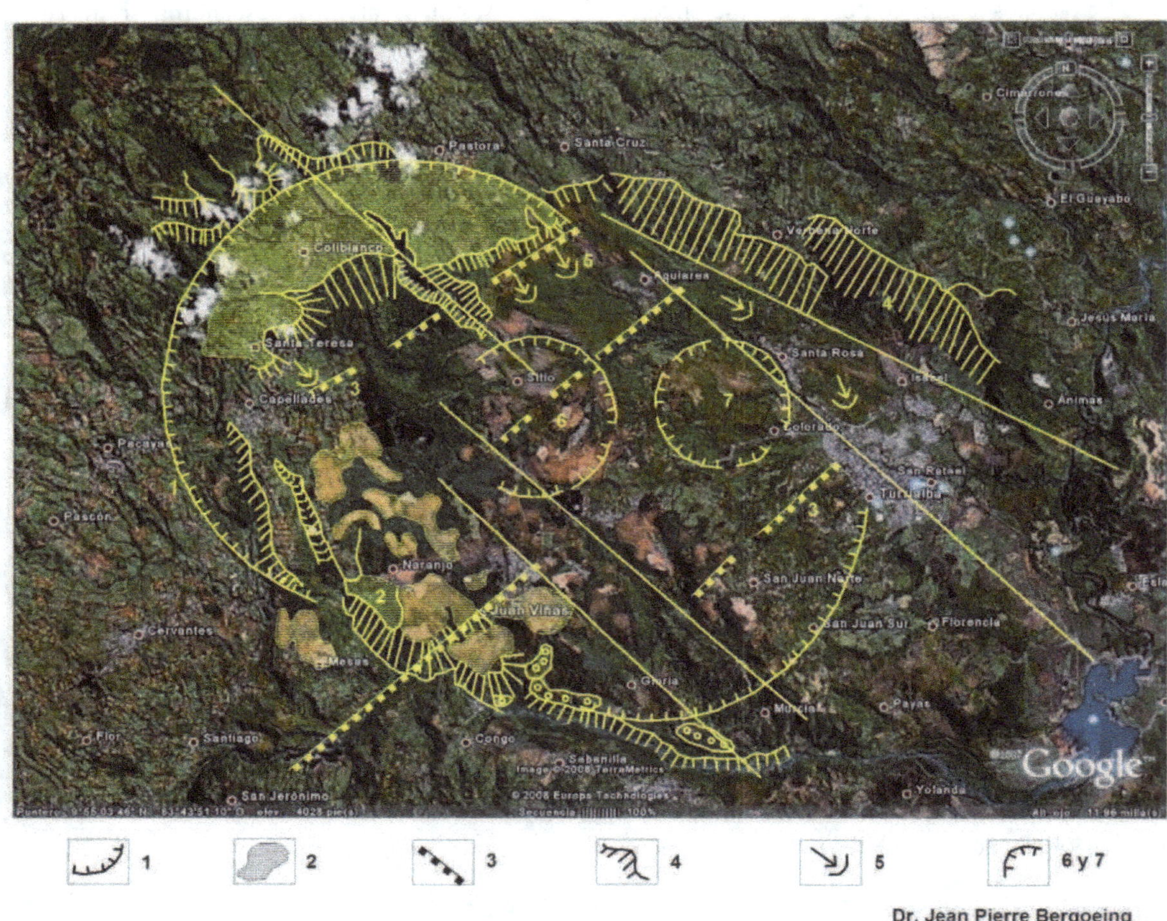

Dr. Jean Pierre Bergoeing

1- Borde de caldera de colapso. Rim of collapsed caldera. 2- Meseta estructural. Structural plateau. 3- Fallas; normales y con escarpe. Normal and scarpment faults. 4- Escarpes de erosión. Erosion slopes. 5- Deslizamientos en masa. Landslides. 6 y 7 Estructuras caldéricas menores de explosión. Minor explosión calderas structures.

Fig. 18. Caldera de explosión de Coliblanco, vertiente sur del volcán Turrialba. (Fotointerpretación basada en image satelital, Google, 2008. J. P. Bergoeing 2009).

Fig. 18. Coliblanco's explosion caldera, in Southern Turrialba's volcano slope. (Interpretation of a Google satellite 2008 image. J. P. Bergoeing 2009).

2- EL VOLCÁN IRAZÚ

Este segundo estrato-volcán posee el cráter activo más elevado de Costa Rica con 3.432 metros de altitud. Se sitúa al norte de la ciudad de Cartago y está igualmente constituido por varios cráteres holocenos. Posee algunos conos más antiguos, alineados NO-SE, que se terminan por el cráter destruido del volcán Las Nubes, (Bergoeing, 1979). El Irazú es un volcán al cual se le conoce actividad histórica, ya que las crónicas coloniales mencionan erupciones a partir del siglo XVIII, con un ciclo de 40 a 60 años, a partir

2- IRAZU VOLCANO

With an altitude of 3,432 meters this second stratus-volcano has the highest active crater in Costa Rica. It's located north of Cartago's city and also is constituted by several craters dating back to the Holocene. It has some older cones, aligned in a NW-SE direction, that end near the destroyed craters of Las Nubes volcano (Bergoeing, 1979). Irazu volcano has a well known record of historic activity, being so because of the existence of colonial chronicles that mention eruptions starting at the XVIII

de 1723 y ha tenido unas 23 erupciones desde entonces. La erupción de 1963, tuvo como complemento el flujo lahárico, que enterró el sector urbano Taras de Cartago, tras intensas lluvias asociadas a la erupción del volcán. San José, y la mayor parte de las tierras altas centrales de Costa Rica fueron recubiertos entonces con sus cenizas. Tournon (1983), identifica coladas de basalto en la cima así como andesitas básicas en las coladas de Cervantes y Juan Viñas. La meseta de Cartago está compuesta por ignimbritas intercaladas entre las andesitas.

century, with a cycle of 40 to 60 years, from 1732 and has had 23 eruptions since then. The 1963 eruption complementary had a lahar flow which buried the urban sector of Taras in Cartago city, after intense rains associated to the volcano's eruption. San Jose and most of Costa Rica's Central highlands where covered then with ashes. Tournon (1983) identifies basalt lava flow at the peak as well as basic andesite in Cervantes and Juan Viñas lava flows. Cartago's plateau is composed by ignimbrites interlaced between andesites.

Fig. 19.   Cráteres del volcán Irazú. El cráter principal alberga un lago ácido de origen pluvial.(Foto cortesía de Federico Chavarría Kopper, 2008).

Fig. 19.   Irazu's volcanic craters. The main crater has an acid Lake of pluvial origin. (Photography courtesy of Federico Chavarria Kopper 2008).

La vertiente sur del Irazú se divide en dos sectores morfológicos importantes. La parte superior, formada por un relieve ondulado, multiconvexo, nace justo a partir de los escarpes de coladas de lava recientes del volcán y tapiza el flanco sur hasta la ciudad de Cot. Se trata de espesores importantes de cenizas y antiguas coladas de lavas basalto-andesíticas muy alteradas. El segundo sector, va de la ciudad de Cot hacia la meseta volcánica donde se asienta Cartago sobre una serie de cuatro conos laháricos coalescentes y coladas esporádicas aflorantes. Este sector, al norte de Cartago, está constituido particularmente por lahares, donde se destacan dos generaciones bien específicas, una antigua, inferior de color ocre muy alterada formada por lapilli y pómez, y otra más reciente, superior, con materiales caóticos rodados sanos, lapilli y pómez. (Bergoeing, 2007). La vertiente sur también se caracteriza por la colada de Cervantes, que es un derrame de lavas fluidas, basalto-andesíticas, de tipo canoa, que han sido datadas en 23.000 años B.P., por el método 238Th/232Th - 238U232Th (Allegre y Condomine 1976) pero otras dataciones 14C la rejuvenecen a 20.000 años B.P, (Murata *et al.*, 1966). La erupción estromboliana que provocó la colada de Cervantes (Tournon 1984), provino del cono adventicio del cerro Pasquí, y tuvo como consecuencia embalsar naturalmente las aguas del río Reventazón en Cachi. Esto se tuvo que reproducir en el pasado y testimonio de ello son las cuatro terrazas lacustres del sector.

La vertiente norte, recubierta por una espesa vegetación tropical primaria, de montaña, es muy diferente de la vertiente sur. La parte superior del cono del Irazú, se caracteriza por "lavakas", término malgache que designa mega-circos de erosión. En efecto la vertiente norte está modelada por escarpados de 300 a 500 metros de caída libre, en cuyas paredes afloran emisiones de azufre nativo por su proximidad a la chimenea volcánica, producto del desgaste erosivo. Las lavakas son el primer estadio de un fenómeno mayor que encontramos más al oeste, en las faldas del volcán Barva y Poás y que corresponde en realidad a mega deslizamientos, producidos en el Pleistoceno medio-superior, al interior de los cuales existen deslizamientos menores, que se prosiguen actualmente. Es en

The Southern Irazu's volcano slopes are divided into two morphological sectors. The upper part, formed by an undulated relief (multi-convex shape), is created just by the recent lava flow scarps and lines the Southern flank until Cot village. It refers to important ash thicknesses and old and altered basaltic-andesitic lava flows. The second sector goes from Cot village towards the volcanic plateau where Cartago is located upon a series of coalescent lahar fans and sporadic lava flows. This sector, North of Cartago, is constituted particularly by lahars, where two very specific generations stands out, one older, inferior, of an altered ocher color formed of lapilli and pumice, and another, younger, in the upper part, with chaotic material also of lapilli and pumice. (Bergoeing 2007). The Southern slope is also characterized by Cervantes lava flow, which is a basaltic-andesitic "canoe type" fluid lava spill that has been dated 23,000 years B.P. by 28Th/23Th- 238U232Th method (Allegre and Condomine, 1976), but other C14 dating place it at 20,000 years B.P. (Murata *et al.*, 1966). The strombolian eruptions that provoked the Cervantes lava flow came from the adventitious Pasqui hill cone (Tournon 1984) and consequently naturally damned Reventazon River in Cachi. That happened in the past and evidence of this, today are four lacustrine layers in the artificial Cachi Lake.

The Northern slope, covered by dense primary tropical forest vegetation is very different from the Southern slope. The upper part of Irazu's cone is characterized by "lavakas" a Madagascar term referring to an erosive mega amphitheater. In fact, Northern slopes are modeled by scarps with 300 to 500 meters of free fall, in whose walls native sulfur emissions arise by the proximity to the volcanic chimney, product of the erosive wearing down. Lavakas are the first stage of a larger phenomenon founded Western, on the Northern slopes of Barva and Poas volcanoes and actually correspond to mega-landslides, produced in the mid-late Pleistocene, in which smaller landslides exist in the interior, continuing actually. It's in part the forest cover that has stopped the phenomenon, but could be reactivated due to recent human colonization of the area. Some important

parte la cobertura forestal que ha detenido el fenómeno, pero que puede verse reactivado con la colonización humana del sector. Algunos ríos importantes, como el Sucio, han formado una red hídrica que ha socavado importantes cañones fluviales con desniveles que pueden llegar a los mil metros. Ello es posible porque el material volcánico de estos estratovolcanes es muy heterogéneo, comprendiendo espesores considerables de material cinerítico, tobas poco soldadas y coladas de lava falladas, por donde las aguas se han infiltrado.

rivers, like Sucio's River have formed an hydrological net that has undermined significant fluvial canyons with irregularities up to thousand meters. That is possible because the volcanic material of the Stratus-volcanoes is very heterogeneous, made of considerable thickness of ashes materials, poorly welded, tuffs and faulted lava flows, where water has infiltrated.

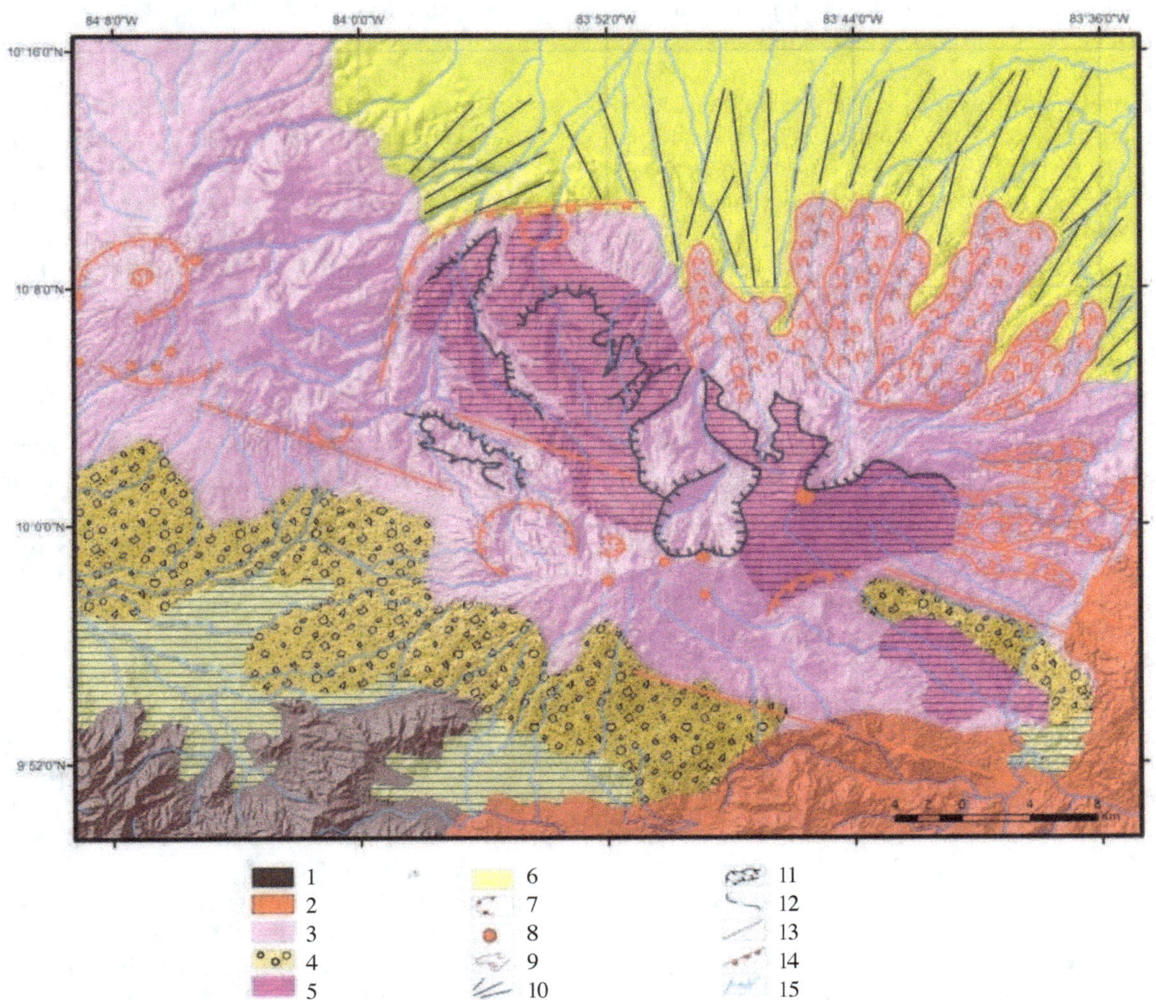

1- Sedimentos terciarios. Tertiary sediments. 2- Volcánico terciario. Tertiary volcanism. 3- Volcánico Cuaternario. Quaternary volcanism. 4- Lahares. Lahars. 5- Planezes. 6- Mesetas topográficas. Topographic plateaus. 7- Calderas. 8- Cráteres volcánicos. Volcanic craters. 9- Coladas de lava. Lava flows. 10- Conos de deyección. Alluvial fans. 11- Escarpes de erosión. Erosion scarps. 12- Divisoria de aguas. Water divide. 13- Fallas. Faults. 14- Falla inversa. Reverse fault. 15- Trama hídrica. Hydric network.

Fig. 20. Fotointerpretación geomorfológica de una imagen satelital radar Landsat del complejo volcánico Irazú-Turrialba. J. P. Bergoeing 2008.

Fig. 20. Geomorphologic interpretation of a Landsat radar Satellite image of Irazu-Turrialba volcanic complex. J. P. Bergoeing 2009.

3- CERROS ZURQUÍ

Los cerros Zurquí situados entre los estrato volcanes del Irazú y del Barva, son un conjunto volcánico compuesto por los cerros: Chompipe (2.259 m.), Turú (2.139 m.), Caricias (aprox. 2.100 m.), Hondura (2.047 m.), Tres Marías (aprox. 1.725 m) y el cerro Achiotillal (1.882 m). Se sitúan en la parte más deprimida de la Cordillera Central y forman el collado del Desengaño, por donde penetran fácilmente los flujos húmedos del Caribe. El conjunto se encuentra muy erosionado a pesar de su relativa juventud. Una datación radiométrica de una lava andesítica de estos antiguos volcanes dio una edad de 0,5 millones de años (Bellon y Tournón, 1978). Del estudio geológico se desprende que fueron focos de emisión de coladas de lavas basálticas, andesíticas, tobas, brechas, ignimbritas y material piroclástico que han quedado expuestas en la carretera Braulio Carrillo y en el túnel del Zurquí. Los cerros están recubiertos por espesores considerables de cenizas alteradas.

4- EL VOLCÁN BARVA

Separado de los dos colosos precedentes por el bajo de la Palma y por los relictos del vulcanismo del Zurquí, el volcán Barva domina la ciudad de San José desde sus 2.906 m de altitud. Tiene unos doce focos eruptivos en su cima y conos adventicios en sus flancos. Tres domos volcánicos coronan su cima con un cráter principal, ocupado por la laguna Barva a 2.508 m de altitud. Más al norte otro cráter está ocupado por la laguna Danta a altitud similar. No se le conoce actividad eruptiva histórica aunque existen emanaciones residuales de CO_2 (solfataras) y aguas termales. Se ha consignado una actividad eruptiva del Barva en 6.050 a.C. (Simkin y Siebert, 1994). Las lavas del Barva son andesitas piroxénicas, andesitas basálticas y, en menor cantidad, basaltos con olivino, así como dacitas. (Alvarado, 2000). Una de las características de la vertiente sur del volcán Barva, es la Colada de Los Ángeles, emisión de lavas basaltico-andesíticas y que es contemporánea con la Colada de Cervantes del Irazú, pero su derrame cubre una extensión mucho más vasta (200 a 300 millones de metros cúbicos) que llegan hasta la ciudad de Barva. Esta colada se originó en

3- ZURQUI HILLS

Zurqui hills are situated between Irazu and Barva stratus-volcanoes, it's a group of volcanic cones composed by the following peaks; Chompipe (2,259 m.), Turu (2,139 m.), Caricias (2.100 m. aprox.), Hondura (2,047 m.), Tres Marias (1,725 m. aprox) and Achiotillal (1,882 m.). They are located in the most depressed part of the Central volcanic Range and form Desengaño Pass, where humid Caribbean airflows easily penetrate in the Central Valley. The group is quite eroded in spite of its relative youth. Radiometric dating of andesitic lava from these ancient volcanoes resulted in an age of 0.5 million years (Bellon & Tournon, 1978). From geological studies it is revealed that they were emission centers of basalt, andesite, tuffs and brechel ava flows and also pyroclastic material that have become to be exposed in the Braulio Carrillo road and Zurqui tunnel. The peaks are covered with considerable thickness of altered ashes.

4- BARVA VOLCANO

Separated from the two previous volcanic colossi, by the Palma or Desengaño Pass and the Zurqui volcanic relicts, Barva volcano dominates San Jose city from its 2.906 meters. It has about twelve eruptive centers on its top and parasitic cones on its flanks. Three volcanic domes crown its peak with a main crater, occupied by Barva pluvial Lake at 2,508 meters high. To the North a second crater is occupied by Danta pluvial Lake at a similar altitude. There is not known historic eruptive activity, although there are residual CO_2 emanations (solfatares) and thermal waters. Eruptive activity of Barva volcano has been stated in 6050 b.C. (Simkin & Siebert, 1994). Lavas from Barva volcano are made of pyroxenic andesite, basalt-andesite and in lesser quantity, basalt with olivine as well dacite, (Alvarado, 2000). One of the characteristics of the Barva's Southern slope is Los Angeles lava flow of andesite-basalt emission, contemporary with the Cervantes lava flow of the Irazu volcano, with the fact the extension is vaster (200 to 300 cubic meters), reaching Barva's town. This lava flow was originated in

el Cerro Redondo y por lo tanto, éste es uno de los domos adventicios del volcán Barva. El flanco oeste, está dominado por la estructura del volcán Guarirí, (Protti, 1986). Se trata de un volcán explosivo del Holoceno, que ha emitido coladas de andesitas brechosas y flujos piroclásticos, que han llegado hasta el poblado de Santo Domingo de El Roble. El cráter está en parte destruido y abierto hacia el oeste. Hacia el noreste el Barva presenta una estructura caldérica de explosión, de grandes dimensiones, pero muy afectada por la erosión y completamente recubierta por la vegetación tropical de montaña.

A pesar de no tener registros históricos de actividad volcánica en el Barva, este volcán es peligroso puesto que hay trazas de dos erupciones plinianas y derrames ignimbríticos que demuestran una actividad ácida explosiva (Paniagua y Soto 1988). La erupción más antigua conocida en el Holoceno se remonta a 6050 BC ± 1000 años BP pero las tobas andesitico-decíticas expuestas en el río Tiribí solo se remontan a 332.000 años y provienen de la caldera del Barva. (Smithsonian Nacional Museum of Natural History 2007).

La Vertiente norte del Barva se caracteriza igualmente por una serie de domos y por el cono del volcán Cacho Negro. A pesar de ser un cono Holoceno se encuentra muy alterado por la erosión. A partir del fondo del cráter, nace el río Puerto Viejo. El estrato-volcán Cacho Negro se eleva a 2.250 m. de altitud. situado al noreste del volcán Barva. Su cráter se encuentra completamente abierto hacia el noroeste y en sus flancos se observan coladas radiales recientes (Holoceno) y dos conos adventicios, (Alvarado, 1989). Las lavas son predominantemente andesíticas y basálticas. No se le conoce actividad histórica.La vertiente norte del volcán Barva puede ser dividida en tres sectores; al oeste el sector que corresponde al cono del volcán Guarirí, al este una serie de domos volcánicos que se inician con los cerros Zurquí y culminan con el cono del volcán Cacho Negro y al centro, de manera maciza una vertiente muy regular que desciende paulatinamente y se encuentra entrecortada por los numerosos ríos que la entallan verticalmente.

Ello se debe a que el material volcánico, que forma esta parte de la vertiente norte, está compuesto por material cinerítico, intercalado con coladas y tobas.

Redondo Hill, and thereby this is a parasitic dome. The western flank is dominated by the Guarari volcano structure (2,599 m.), (Protti, 1986). This is an Holocene explosive volcano, which has emitted brechic andesite and pyroclastic flows that reached Santo Domingo del Roble village. The crater is partly destroyed and opened West. Towards Northeast, Barva volcano presents an explosive caldera structure, of great dimensions, but very affected by erosion and completely covered by tropical mountain vegetation.

In spite of not having historical records of volcanic activity, Barva volcano is dangerous because there are traces of two plinian eruptions and ignimbrite spills that demonstrate an explosive acid activity. (Paniagua & Soto, 1988). The older known Holocene eruption dates back to 6050 ± 1000 years B.P. but, andesitic-dacitic tuffs exposed in Tiribi River go back 332,000 years and come from Barva's caldera, (Smithsonian National Museum of Natural History. 2007).

Northern slopes of Barva volcano are characterized by a series of domes as well the cone of Cacho Negro's volcano. This last despite being a Holocene cone it's much altered due to erosion. From the bottom of the open crater Puerto Viejo River is born. Cacho Negro stratus-volcano rises up 2,250 meters high, located Northeastern of Barva volcano. Its crater it's completely open towards Northwest and on its flanks recent radial lava flows (Holocene) and two parasitic cones can be observed, (Alvarado, 1989). Lava is predominantly andesite and basalt. No historic activity is known. Northern slopes of Barva volcano can be divided in three sectors; Westernmost sector corresponding to the Guarari volcano. Easternmost a series of volcanic domes starting with Zurqui hills and culminating with Cacho Negro volcanic cone, and in the center, a very regular slope that gradually descend and is cut but numerous rivers that carved it vertically.

That is due to the volcanic material, which forms this part of the Northern slope composed of cineritic material, intercalated with lava flows and tuffs.

Es tal vez en la parte noroeste de la vertiente norte del volcán Barva, donde mejor se observan los fenómenos de mega-deslizamientos, asociados a deslizamientos secundarios y terciarios, producto de un manto alterado de gran espesor, conformado por material arcilloso proveniente de la descomposición de los depósitos volcánicos. Este material profundamente alterado, sobresaturado en agua por las condiciones climáticas tropicales de esta vertiente, y favorecido por las pendientes acusadas ha permitido que se produzca los fenómeno de deslizamientos en masa y subsecuentemente deslizamientos secundarios sobre las grandes masas de material ya removido.

Perhaps it's the Barva volcano Northwest part of the slope where mega-landslides phenomena can be better observed, associated with secondary and tertiary landslides, product of an altered cover of great thickness, conformed of clayish material coming from decomposed volcanic deposits. This profoundly altered material, oversaturated of water due to tropical climate conditions of the slope, and stimulated by the high slopes, has allowed the creation o mass landslides and subsequent secondary landslide phenomena on the great masses of already removed material.

Fig. 21. Cráter abierto hacia el Oeste del volcán Cacho Negro. Al fondo la caldera de colapso de Molejón recubierta por lavas del volcán Barva. (Foto aérea oblicua J. P. Bergoeing 2012).

Fig. 21. Open crater to the West of the Cacho Negro volcano. On the foreground the Molejon collapsed caldera coated by the Barva volcano lava flows (Oblique aerial photo J. P. Bergoeing 2012).

5- EL VOLCÁN POÁS

El volcán Poás es el tercer conjunto volcánico de la Cordillera Central. Se eleva a 2.708 m de altitud. Se compone de un cráter principal, de más de tres kilómetros de diámetro, que alberga una laguna de ácido sulfúrico, con un grado de acidez Ph1, y temperaturas de 85° C. Emite igualmente emanaciones gaseosas sulfurosas. Un segundo cráter muy próximo, inactivo, alberga una lagu-

5- POAS VOLCANO

Poas volcano is the third volcanic complex of the Central volcanic Range. It rises up to 2,708 meters. It's composed of a main crater of more than 3 kilometers diameter, which a Sulfuric Acid Lake, with a Ph1 acid level, and temperatures of 85° C. It also emits sulfurous gas. A very proximate second carter, inactive, has a pluvial Lake known as Botos Lake. The

Volcán Congo. Holoceno, cono abiert
Foto cortesía de André Quirós

Holocene, Congo volcano open cone
tography courtesy of Andre Q

Caldera de colapso de Laguna de Hule. Holoceno. Foto cortesía de André Quirós Tacsan

Holocene collapsed caldera of Laguna de HulePhotography courtesy of André Quiros Tacsan

na pluvial, conocido como Laguna de Botos. El conjunto está rodeado de una densa vegetación tropical de montaña. El Poás se inscribe igualmente en un sistema tectónico a través del cual emergieron en una línea N-S, varios emisores magmáticos. Así a escasos kilómetros al norte del Poás se yergue a 2.014 m. el volcán Congo, inactivo y cuyo cono está abierto hacia el NO. Siguiendo el alineamiento tectónico, más al norte se hace presente la Caldera de Hule (Bergoeing & Brenes, 1977), depresión volcánica que albergaba tres pequeñas lagunas y en cuyo centro se alza un cono volcánico post-colapso. Finalmente el conjunto se termina más al norte por el Gasmaar de Laguna de Rio Cuarto. Ya en la llanura del norte, existe una depresión cratérica explosiva, recubierta por aguas fluviales. Este Gasmaar se encuentra a 360 m de altitud y sus paredes son basáltico-andesíticas, mide unas 33 ha de superficie y tiene una profundidad de 66 m. (Alvarado.2000).

group is surrounded by dense tropical mountain vegetation. Poas volcano is inscribed in a tectonic system where various magmatic emitters emerged in a North-South line. Therefore, a few kilometers North of Poas rise up the inactive Congo volcano raising 2,014 meters high, and whose cone is Northwest open. Following the tectonic alignment, Northernmost Hule's collapsed caldera becomes present, (Bergoeing & Brenes 1977), which is a volcanic depression holding three small lakes and in the center stands a post-collapsed volcanic cone. Finally the group ends towards North with the Cuarto River Gasmaar Lake at 360 meters of altitude. Its walls of 66 meters are made of andesite and basalt and the lake cover a surface of 33 ha. (Alvarado, 2000).

Fig. 22. Volcán Poás. Cráter principal con laguna de ácido sulfúrico y cono secundario con laguna cratérica pluvial (Laguna de Botos). (Foto aérea oblicua J. P. Bergoeing 2012).

Fig. 22. Poas volcano main crater housing a sulfuric acid Lake and second cone with a pluvial cráter lake (Botos Lake). (Oblique aerial photo J. P. Bergoeing 2012).

Desde 1828, al volcán Poás se le conocen

39 episodios eruptivos. En 1910 la erupción del 25 de enero expelió una columna de vapor que desprendió 640.000 toneladas de cenizas. De 1952 a 1954 el volcán Poás manifestó un nuevo ciclo eruptivo cinerítico con emisión de escorias. En 1987 una explosión freática tuvo como consecuencia la modificación del nivel lacustre y en 1989 el lago desapareció temporalmente dejando a la vista "hervideros" de azufre, estos volvieron a quedar sumergidos en 1990 cuando el lago se volvió a formar. En 2006 el Poás se manifestó nuevamente con explosiones freáticas y fumarólicas. Las lavas del Poás son complejas. En el flanco sur presenta andesitas afíricas, hecho raro en las series calco-alcalinas que pueden ser ácidas o básicas. Las lavas de este volcán van de los basaltos a las dacitas. Las lavas del cono volcánico del Congo y de la caldera de Hule están conformadas por andesitas basálticas. (Tournon, 1983).

Los ríos que discurren hacia el norte, se encañonan profundamente en las vertientes volcánicas, entre ellos el Río Sarapiquí, importante afluente del San Juan. Las coladas de lava han permitido la creación de un modelado entrecortado, donde las cascadas y saltos son abundantes. A los piés del cono del Poás la transición con la llanura de inundación del norte se produce mediante poderosos conos laháricos coalescentes del Pleistoceno inferior (Bergoeing, 2007). Finalmente el macizo del Poás limita al oeste con el río Toro, el cual se inscribe dentro de un sistema de calderas de colapso del Platanar-Porvenir.

6- EL COMPLEJO PLATANAR-PORVENIR

El volcán Platanar se sitúa al N.O. de la Cordillera Volcánica Central. Está formado por un estrato volcán compuesto, que podríamos datarlo tentativamente como del Pleistoceno superior, constituido por el cono del Platanar propiamente tal y un poco más al sur el del Porvenir, separados por una distancia de 3 km uno del otro. El complejo volcánico cubre más de 113 km². El cráter del Platanar se sitúa a 2.183 m. de altitud mientras que el del Porvenir alcanza 2.267 m.

En el flanco norte del Platanar, dominando la gran llanura, se dibuja la caldera de Palmera,

39 eruptive episodes are known, since 1829, for Poas volcano. In 1910, January 25th eruption expelled a steam column that gave 640,000 ash tons. From 1952 to 1954 Poas volcano manifested a new cinder eruption cycle with volcanic ash emissions. In 1987 a phreatic explosion had as consequence the modification of the lacustrine level and in 1989 the Poas Crater Lake temporarily disappeared leaving behind sulfuric boiling springs, becoming submerged again in 1990 when the Lake formed again. In 2006 Poas manifested itself again with phreatic and fumaroles explosions. Lavas from Poas are complex. In the Southern flank, Poas presents aphiric andesite, strange occurrence in the alkaline series that can be acid or basic. Lavas from Congo's volcanic cone and Hule's Caldera are conformed of basaltic andesite. (Tournon, 1983).

Rivers flowing towards North carved deeply into the volcanic slopes, among them the Sarapiqui River, main affluent of the San Juan River. Lava flows have allowed the creation of interspersed modeling, where cascades and fast falls are abundant. At the base of the Poas massif the transition with the Northern floodplainis produced by means of coalescent fans of lahar origin of the early Pleistocene (Bergoeing 2007). Finally the Poas massif limits West with Toro River, which is inscribed into a system of collapsed calderas of the Platanar-Porvenir volcanic complex.

6- PLATANAR-PORVENIR VOLCANIC COMPLEX

Platanar volcano is situated Northwest of Central volcanic Range. It's formed by a composed stratus-volcano, which can be tentatively dated Late Pleistocene, constituted by the Platanar cone as well the Porvenir cone, further South, separated by a distance of 3 km. The volcanic complex covers more than 113 km². Platanar's crater is located at an altitude of 2,183 meters while Porvenir's crater rises up 2,267 meters high.

On Platanar's Northern flank, dominated by the great plain, Palmera's caldera is drawn

(Tournon 1984), probablemente del Pleistoceno inferior, y que está colmatada en gran parte por lahares, dispuestos en grandes conos de deyección y provenientes del Platanar. Dicho relleno se puede razonablemente considerar como un flujo constante, que colmató la depresión colapsada durante todo el Cuaternario. Más al este se destacan nueve conitos volcánicos, cuaternarios, alineados norte-sur y conocidos como vulcanismo de Aguas Zarcas. Alcanzan elevaciones no superiores a los 100 a 160 m de altitud pero han conservado bien sus formas cónicas y algunos dejan entrever aún sus cráteres. Son la manifestación de la ascensión magmática más reciente del sector. Están compuestos por gabros y doleritas que corresponden a un vulcanismo calco-alcalino Cuaternario. Algunos son conos estrombolianos compuestos por lapilli, bombas y basaltos alcalinos (Tournon y Alvarado 1995).

(Tournon.1984), probably from Early Pleistocene, as was filled largely with lahars, placed in large alluvial fans that come from Platanar volcano. Such lahars can reasonably be considered as a constant flow that fulfilled the collapsed depression during the Quaternary. More Eastern there are enhanced nine Quaternary small volcanic cones, aligned in a North-South direction and known as Aguas Zarcas volcanism. They reach elevations no greater than 100 to 160 meters but have well conserved their cone shaped forms and some of their crater can still be glimpsed. They are composed of gabbros and dolerite that correspond to a Quaternary alkaline volcanism. Some cones are strombolian, composed by lapilli, bombs and alkaline basalt. (Tournon & Alvarado, 1995).

Fig. 23. Cono y cráter bien preservado del volcán Aguas Zarcas. (Foto J. P. Bergoeing, 2009).

Fig. 23. Well preserved cone and crater of Aguas Zarcas volcano. (J.P . Bergoegoeing 2009).

Los conos del Platanar y Porvenir son una construcción moderna (Pleistoceno superior) reedificada sobre estructuras más antiguas donde cabe destacar, al este la Caldera de Chocosuela (Alvarado y Carr, 1993) que forma un profundo

Platanar and Porvenir cones are a modern construction (Late Pleistocene), rebuilt on older structures where is possible to emphasize the Eastern Chocosuela's caldera (Alvarado & Carr, 1993). The rim forms a deep canyon that

cañón que puede alcanzar de 500 a 1.000 m. de desnivel y donde corre, en su talweg, el río Aguas Zarcas. Si consideramos que todo este conjunto descansa en una estructura caldérica mayor que iría del río Toro por el este, al río San Lorenzo por el oeste, entonces el área toma otra dimensión y el conjunto Platanar-Porvenir se inscribe en el marco de las grandes calderas mundiales ya que el diámetro de esta estructura se situaría alrededor de los 36 km lo que daría una superficie de unos 1.000 km².

El complejo volcánico Platanar-Porvenir se caracteriza por series magmáticas calco- alcalinas, alcalinas y series magmáticas basalto-andesíticas, dacíticas y riolíticas. Los basaltos son máficos y transicionalmente alcalinos. La presencia de anomalías negativas en las series magmáticas alcalinas hacen de este complejo volcánico algo inusual dentro del vulcanismo centroamericano. (Alvarado & Carr, 1993).

La caldera de Chocosuela sería un episodio de colapso durante el Pleistoceno medio, del antiguo estrato-volcán que al desintegrarse dejó depósitos pumicíticos y riolíticas.

Las imágenes satelitales, (Imagen del satélite Landsat, sitio webNASA. Mosaico de imágenes Landsat año 2000, utilizando el sistema Multi-band raster clipper.), nos han permitido destacar al menos tres estructuras de calderas concéntricas, que se sitúan al oeste del cono del complejo Platanar Porvenir. Estas estructuras, estudiadas en el terreno se presentan como depresiones concéntricas bordeadas por taludes (rim) cuya elevación no supera los 100 a 150 metros, formados por material volcánico, (lavas andesítico-balsálticas, escorias, y cenizas muy alteradas, pedológicamente hablando). Uno de los puntos más interesantes se sitúa en Buena Vista y concierne sectores rurales poblados, como La Quina y Santa Elena. Se trata de los fondos colapsados de antiguas calderas, rellenados con espesores importantes de sedimentos alterados (arcillas pardas). En efecto, el sector se presenta como una estructura volcánica semi-circular tapizado por alteritas pardo-rojizas que revelan un modelado multiconvexo, donde sin embargo afloran bloques de andesitas. El sistema de drenaje ha erosionado profundos cañones por

can reach 500 to 1,000 meters of unevenness and where, in its talweg Aguas Zarcas River flows. If we consider that this whole group rests on a greater collapsed caldera structure that would go from Toro River at East to San Lorenzo River to the West, then the area takes another dimension and Platanar-Porvenir group is included in the frame work of worldwide large calderas because the diameter of this structure would be around 36 km and it would have a surface around 1,000 km².

Platanar-Porvenir volcanic complex is characterized by calco-alkaline, alkaline magmatic series and basaltic-andesitic, dacitic and rhyolitic magmatic series. Basalts are maphic and transitionally alkaline. The presence of negative anomalies in the alkaline magmatic series makes this volcanic complex somewhat unusual in what is Central American volcanism. (Alvarado & Carr, 1993).

Chocosuela's caldera would be a collapse episode of the Middle Pleistocene, of an ancient Stratus-volcano that collapsed, letting behind pumice and rhyolitic deposits.

Satellite images, (Landsat WebNASA website. Mosaic of Landsat images of year 2000, using multiband raster clipper system), let us pointed out at least three structures of concentric calderas that are located West of Platanar-Porvenir cone complex. These structures studied in the ground, present themselves as concentric depressions bordered by slopes whose elevation doesn't exceed 100 to 150 meters, formed of volcanic material (andesite-basalt lavas, volcanic trash and highly altered ashes pedologically speaking). One of the most interesting points is located in Buena Vista and concerns popultade rural areas, such as La Quinta and Santa Elenea. This refers to the collapsed foundations of ancient calderas, refilled with important thicknesses of brown clay altered sediments.

Effectively, the area is presented as a semi-circular volcanic structure lined with brownish red alteration material that reveals a multi-convex modeling, where nevertheless andesite blocks appear. The drainage system has eroded deep canyons where the water from the Santa

donde se evacuan las aguas del río Santa Clara. Las estructuras volcánicas limitan por el oeste, con las márgenes del río San Lorenzo y la fila Santa Rita que marcan los límites externos de las calderas concéntricas. Es probable que una mega-estructura volcánica haya existido, limitada, al este por el río Toro y al oeste por el río Balsa, comprendiendo todo el sistema volcánico del Platanar al cerro Chayote. De confirmarse esta hipótesis estaríamos en presencia de una de las estructuras caldéricas más grandes y activas de Costa Rica. Junto a esta caldera volcánica es menester mencionar una segunda estructura circular de dimensiones imponentes que se sitúa al oeste de la primera y que podríamos denominar caldera de San Lorenzo. Sería el relicto, de fines del Terciario, de una manifestación volcánica colapsada cuyo magma habría migrado hacia el este por el desplazamiento de la placa del Caribe, dando nacimiento al complejo Platanar Porvenir.

Clara River evacuates. The volcanic structures border to the west with the margin of San Lorenzo and Santa Clara Rivers that marks the external limits of the concentric calderas. It's probably that a volcanic mega-structure had existed, bordered East by Toro River and West by Balsa River, comprehending the whole Platanar volcanic system to the Chayote Hill. If this hypothesis could be confirmed we would be in presence of one of the largest and most active caldera structures in Costa Rica. Along with this volcanic caldera it's necessary to mention a second circular structure of imposing dimensions located West of the first one and that can be named San Lorenzo's Caldera. It would be the relict of a collapsed volcanic manifestation, whose magma had migrated towards East due to migration of Coco's and Caribbean plates, giving origin to the Platanar-Porvenir complex by new magmatic ascents.

Fig. 24. Imagen Landsat MSS7 2000. Mosaico multiband raster clipp, Imagen interpretada. Se hace resaltar: el cono del complejo Platanar-Porvenir, la caldera de Chocosuela al este y las calderas concéntricas al oeste así como la pale- mega-caldera de San Lorenzo.

Fig. 24. MSS7 2000 Landsat image. Multiband raster clipp mosaic interpreted image. It highlights : The Platanar Porvenir cone complex. The Chocosuela caldera to the East, and at West serveral concentric calderas as well the Paleo mega caldera of San Lorenzo.

Otra característica del sector que dejó al descubierto la imagen satelital es el gran accidente tectónico ENE-WSW que discurre al norte del complejo volcánico Platanar-Porvenir. Podría corresponder al límite de inclinación de la zona de subducción de la placa Caribe con la Placa del Coco: "Hemos encontrado que bajo la frontera entre Nicaragua y Costa Rica la zona Wadatti-Benioff se contorsiona, de muy inclinada en Nicaragua a menos inclinada en Costa Rica, pero no muestra evidencias de fallamiento como fue postulado por otros autores. Más hacia el sur, la zona de subducción muestra una rasgadura, denominada la **«Contorsión Brusca de Quesada»,** a profundidades intermedias mayores a 70 Km. En general, el ángulo de la zona Wadatti-Benioff decrece desde 84° bajo Nicaragua a 60° bajo la parte central de Costa Rica. La profundidad máxima de los sismos de subducción también decrece, desde alrededor de 200 Km bajo Nicaragua a 125 Km bajo la Cordillera Volcánica Central. En el sur de Costa Rica, hacia el este del meridiano 83°55', no encontramos evidencias de la zona Wadatti-Benioff por debajo de 50 Km de profundidad." (M. Protti 1998).

Ello nos indicaría que el vulcanismo al norte de la falla anteriormente mencionada, iniciándose por el volcán Arenal, sería de una actividad más intensa y en consecuencia la ascensión magmática sería más importante y más ácida, mientras que al sur del accidente tectónico, la ascensión magmática, en teoría, sería menos activa.

Another characteristic of the sector that the satellite image uncovered is the large ENE-WSW tectonic accident that passes North of Platanar-Porvenir volcanic complex. It could correspond with the sloping border in the subduction zone of the Caribbean plate with Coco's plate: "We have found that under the border between Nicaragua and Costa Rica the Wadatti-Benioff contorts, form very sloped in Nicaragua to less in Costa Rica, but does not show evidence of faulting as postulated by other authors. Towards South, the subduction zone shows a contortion, designated **Quesada's Brusque Contortion**, at intermediate depth greater than 70 km. In general, the angle of Wadatti-Benioff zone decreases from 84° under Nicaragua to 60° under the Costa Rica´s Central part. Subduction seisms maximum depth also decrease towards East of 83°55' meridian from around 200 km under Nicaragua to 125 km under the Central volcanic Range in Costa Rica. In the Southern part of Costa Rica, towards East of 83°55' meridian no evidence was found of the Wadatti-Benioff zone under 50 km deep." (Marino Protti, 1998).

That would indicate that the volcanism, North of the already mentioned fault, starting in Arenal volcano, would be of more intense activity and in consequence the magmatic ascension would be more important and acid, while South of the tectonic accident, the magmatic ascension , in theory, would be less active.

II. GEOMORFOLOGÍA DE LA CORDILERA VOLCÁNICA DE GUANACASTE

II. GEOMORPHOLOGY OF GUANACASTE'S VOLCANIC RANGE

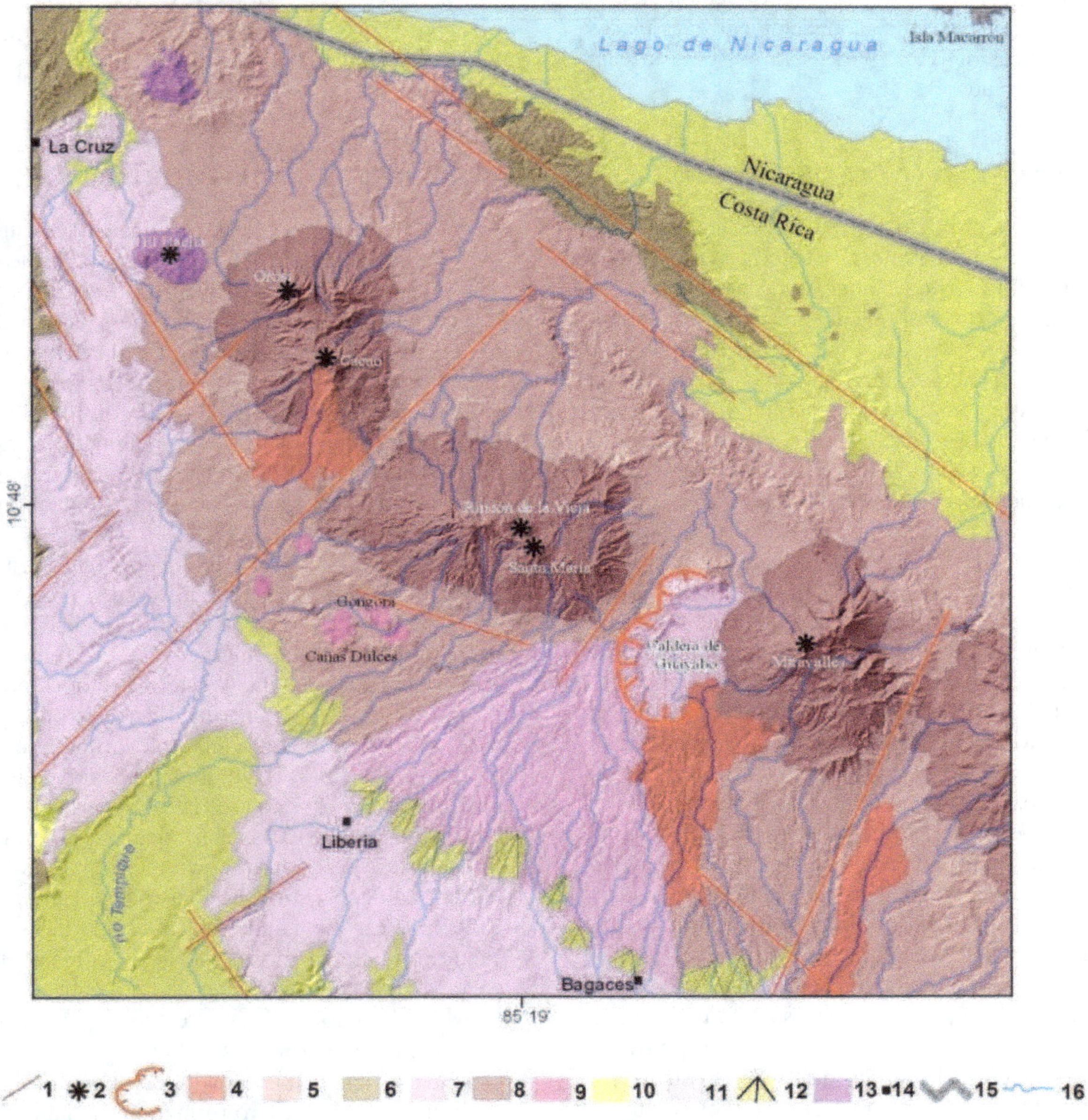

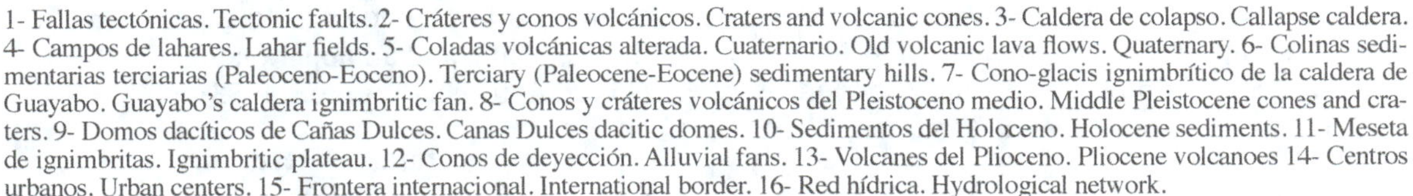

1- Fallas tectónicas. Tectonic faults. 2- Cráteres y conos volcánicos. Craters and volcanic cones. 3- Caldera de colapso. Callapse caldera. 4- Campos de lahares. Lahar fields. 5- Coladas volcánicas alterada. Cuaternario. Old volcanic lava flows. Quaternary. 6- Colinas sedimentarias terciarias (Paleoceno-Eoceno). Terciary (Paleocene-Eocene) sedimentary hills. 7- Cono-glacis ignimbrítico de la caldera de Guayabo. Guayabo's caldera ignimbritic fan. 8- Conos y cráteres volcánicos del Pleistoceno medio. Middle Pleistocene cones and craters. 9- Domos dacíticos de Cañas Dulces. Canas Dulces dacitic domes. 10- Sedimentos del Holoceno. Holocene sediments. 11- Meseta de ignimbritas. Ignimbritic plateau. 12- Conos de deyección. Alluvial fans. 13- Volcanes del Plioceno. Pliocene volcanoes 14- Centros urbanos. Urban centers. 15- Frontera internacional. International border. 16- Red hídrica. Hydrological network.

Fig. 25. Esquema geomorfológico de la Cordillera volcánica de Guanacaste, Costa Rica. J. P. Bergoeing 2008.

Fig. 25. Geomorphologic representation of the Guanacaste Volcanic Range. J. P. Bergoeing 2008.

La Cordillera Volcánica de Guanacaste es la más septentrional de Costa Rica. Se sitúa al sur del lago de Nicaragua y sirve de divisoria de aguas entre la provincia de Guanacaste y la llanura del norte. Adopta una dirección NNW-SSE, producto de la subducción entre las placas tectónicas del Coco y del Caribe sobre la cual está asentada.

A- GEOMORFOLOGÍA ESTRUCTURAL

La Cordillera Volcánica de Guanacaste se ha edificado durante el Cuaternario sobre una base Plio-Pleistocena que se inscribe como una meseta estructural que descansa sobre sedimentos marinos variados, plegados, del Terciario inferior a medio. En el sector occidental de la cordillera, la meseta se caracteriza por estar formada por espesores considerables de ignimbritas, producto de ascendencias magmáticas siguiendo una fisura NNW-SSE, que coinciden con la zona de subducción de las placas tectónicas del Coco y Caribe, que a partir del volcán Arenal hacia el norte se sumerge poderosamente con un fuerte ángulo de inclinación. Ello ha permitido una gran actividad volcánica desde fines del Plioceno por las frecuentes emergencias magmáticas . (Protti et al. 1994 y 1995). En el sector occidental igualmente se han edificado domos dacíticos a los pies del volcán Rincón de La Vieja y edificios volcánicos, hoy desmantelados, que datan del Plioceno superior-Pleistoceno inferior, como El Hacha al nor-este de la ciudad de La Cruz. La Caldera de colapso de Guayabo, (Plio-Pleistoceno) que separa los estrato-volcanes del Rincón de la Vieja y del Miravalles es el accidente más notorio de este sector. Se caracteriza igualmente por la emisión de ignimbritas de color blanco que construyeron un poderoso cono que desciende hacia la meseta estructural de Liberia. La meseta está constituida por tobas de composición ácida donde se destacan dos formaciones: una inferior, conocida como formación Bagaces, de tipo dacítico y una superior, de tipo riolítico (tobas de Liberia). (Tournon, 1983)

La meseta estructural, en el sector oriental, está recubierta en parte por espesores importantes de lahares, que a partir del volcán Orosi, constituye una meseta topográfica. Este sector se

Guanacaste's volcanic range is the Northernmost range of Costa Rica. It's located South of Nicaragua's Lake and works as water divide drainage between Guanacaste's province and Northern plains. It follows a NNW-SSE direction, product of the subduction of Coco's tectonic plate under Caribbean tectonic plate on which it's placed.

A- STRUCTURAL GEOMORPHOLOGY

Guanacaste's volcanic range, risen up during the Quaternary on a Pliocene-Pleistocene base that inscribes itself as a structural plateau resting on a varied marine sediments, folded, from Low to Middle Tertiary. In the Western part of the mountain range, the plateau is characterized by being made of considerable ignimbrite thicknesses, due to magmatic rises that follows a NNW-SSE fissure coinciding with Coco's and Caribbean plate subduction zone, that from Arenal volcano towards North powerfully submerges with a deep angle of inclination. This process has allowed a profuse volcanic activity since the end of Pliocene due to frequent magmatic emergences. (Protti et al, 1994 and 1995). In the Western sector, there also are present Pliocene dacitic cones on the base of Rincon de La Vieja volcano and surrounding volcanic structures, presently dismantled, dated back to the Late Pliocene Early Pleistocene, such El Hacha volcano, standing Northeastern of La Cruz town. Guayabo's collapsed caldera (Pliocene-Pleistocene) divide Rincon de La Vieja and Miravalles stratus-volcanoes and is the most notorious accident of the area. It's also characterized by emissions of white ignimbrites that created a powerful cone descending towards Liberia's structural plateau. The plateau is constituted of acid composition, tuffs where two formations stand out: an inferior layer, known as Bagaces Formation, that is dacitic and an upper one that is rhyolitic (Liberia's tuffs). (Tournon, 1983).

The structural plateau, in the Eastern sector, it's partly covered by important lahars, which forms a topographic plateau from Orosi volcano. This area is characterized by a series of collapsed calderas, particularly

caracteriza igualmente por una serie de calderas de colapso, particularmente entre los conos de los volcanes Cacao y Rincón de la Vieja y al noreste del volcán Miravalles cuyos diámetros son considerables. Finalmente una última estructura caldérica de colapso, importante por su dimensión, se inscribe en los flancos medios del Miravalles y del Montezuma-Tenorio, que comprende ambos edificios volcánicos, separados por una falla regional NE-SW. En el sector oriental, la meseta estructural limita con los afloramientos sedimentarios marinos paléogenos. (Denyer y Alvarado, 2007).

Es a partir de esta base del Pleistoceno inferior que se edificaron los actuales estrato-volcanes que conforman la Cordillera de Guanacaste iniciándose al norte, por el cono del volcán Orosi, seguido por los conos del Cacao, Rincón de la Vieja, Miravalles y Tenorio-Montezuma.

A partir de este punto la cordillera volcánica disminuye rápidamente en la depresión tectónica del lago Arenal. Limitándola al sur, un nuevo episodio volcánico reciente (Holoceno) ilustrado por el complejo Arenal-Chato-Los Perdidos, que marca el límite meridional de esta cordillera Cuaternaria que se integra a la topografía de la Cordillera de Tilarán (Terciario superior).

En la vertiente occidental, la meseta estructural ignimbrítica es el rasgo mayor y se caracteriza por albergar depósitos paleolacustres importantes que se formaron durante el Cuaternario gracias a la neotectónica, a la petrografía, a los eventos volcánicos sucesivos y finalmente el factor más importante, el clima imperante, sobre todo en el Pleistoceno superior pasando por fases resistásicas y biostásicas en concordancia con los grandes cambios climáticos mundiales de los cuales Costa Rica no estuvo exento.

between Cacao and Rincon de La Vieja volcano cones, and Northeast Miravalles volcano, calderas whose diameters are considerable. Finally a last collapsed caldera structure, significant because of its dimensions it's inscribed in the mid flanks of Miravalles and Montezuma-Tenorio volcanoes, that comprehends both volcanic structures, separated by a NE-SW regional fault. In the western sector, the structural plateau is bordered by paleogenic marine sediments that rise to the surface. (Denyer and Alvarado, 2007).

The actual stratus-volcanoes were built from the ignimbrite base, during the low Pleistocene, conforming the Guanacaste Mountain Range, starting to the North, with the Orosi Volcano cone, followed by the Cacao, Rincon de la Vieja, Miravalles and Tenorio-Montezuma cones. From this point the volcanic mountain range diminishes rapidly into the tectonic depression of the Arenal Lake. Bordered to the South a new recent volcanic episode (Holocene) illustrated by the Arenal-Chato-Los Perdidos complex, it marks the southern limit of this Quaternary mountain range that integrates into the topography of the Tilaran Mountain Range (late Tertiary).

On the western slope, the ignimbrite structural plateau is the mayor feature and is characterized by having important paleo-lacustrine deposits that formed during the Quaternary due to neo-tectonics, petrography, successive volcanic events and finally the most important factor, the prevailing climate, mostly in the late Pleistocene going through rhexistasic to biostasic phases in concordance with the mayor global climate changes of which Costa Rica wasn't exempt.

B- GEOMORFOLOGÍA DINÁMICA

1- EL MODERNO COMPLEJO VOLCÁNICO ARENAL – CHATO – LOS PERDIDOS

La construcción reciente (Pleistoceno superior-Holoceno) de los volcanes Arenal, Chato y Los Perdidos, cierra al sur la Cordillera Volcánica de Guanacaste.

El Volcán Arenal de 1.657 m. de altitud es un cono moderno construido sobre una caldera de explosión más antigua. Se calcula que Arenal tiene tan solo unos cuarenta mil años de existencia por lo que sería el volcán más joven de Costa Rica. No se le conocía actividad histórica pero desde 1937 manifiesta actividad violenta. Es un estrato-volcán compuesto por la alternancia de cenizas, escorias y lapilli, lava en bloques y depósitos de nubes ardientes. Los productos volcánicos van de los basaltos a las dacitas (Borgia *et al.* 1988).

B- DINAMYC GEOMORPHOLOGY

1-THE MODERN ARENAL – CHATO – LOS PERDIDOS VOLCANIC COMPLEX

The recent construction (late Pleistocene-Holocene) of Arenal, Chato and Los Perdidos Volcanoes concludes the southern part of the Guanacaste Volcanic Mountain Range.

The 1,657 meter high Arenal Volcano is a modern cone constructed on a more ancient explosion caldera. It is calculated that Arenal has only about forty thousand years of existence which would make it the youngest volcano in Costa Rica. There was no known historic activity until in 1937 it started manifesting violent activity. It is a stratus-volcano composed by a succession of ashes, volcanic trash and lapilli, blocks of lava and pyroclastic deposits. The volcanic product goes from basalts to dacites (Borgia *et al.*, 1988).

Fig. 26. Volcán Arenal en erupción. (Foto. J. P. Bergoeing 2010).

Fig. 26. Arenal volcano erupting. (Photo J. P. Bergoeing 2010).

Desde la erupción de 1968 se ha manifestado como un peligroso volcán que emite flujos piroclásticos. Desde entonces su actividad no ha cesado y ello ha atraído gran número de turistas, sobre todo a causa del espectáculo que representa su actividad imprevisible y sus aguas termales. Por ello la edificación de infraestructuras hoteleras a los pies mismos del volcán, en algunos casos a menos de 3 a 5 km. en línea recta del cráter, son la crónica de un desastre inminente, legalmente autorizado por las autoridades competentes creando de este modo las condiciones para una catástrofe humana de grandes proporciones. En caso de una erupción piroclástica catastrófica muchos hoteles quedarían sepultados por la avalancha candente. La carretera circundante y no radial es completamente inadecuada para una rápida evacuación.

A este respecto los periodistas, Carlos Arguedas C. y Carlos Hernández, recalcaron el 3 de septiembre de 2007, en el periódico La Nación de San José que 600 permisos de construcción fueron avalados entre el 2001 y el 2007 por la municipalidad de San Carlos previo estudios geológicos en un radio de 5.5 km a partir del cráter superior. Si tomamos el ejemplo de la erupción piroclástica y de cenizas, del volcán Chaitén en Chile, del 2 de mayo de 2008 y que se prosigue, vemos que las ciudades de Chaitén y Futaleufú distantes de diez kilómetros del cráter, fueron evacuadas, así como unos 4.500 habitantes en un radio de 30 km. Los lahares consecuentes a la erupción invadieron la ciudad de Chaitén. La ciudad de Fortuna se encuentra a solo 10 km. en línea recta del cráter principal de Arenal!

Más al SE el gemelo del Arenal, conocido como cerro Chato, (1.140 m de altitud) es en realidad una estructura volcánica de caldera de explosión y como consecuencia ha perdido su cono. El cráter alberga un lago pluvial. De misma naturaleza y periodo que el Arenal es un centro que puede activarse en cualquier momento.

Siguiendo el alineamiento NW-SE. Se hace presente una estructura volcánica maciza que corresponde a Los Perdidos. Sistema volcánico del Pleistoceno Superior, más antiguo que los anteriores tanto por su masa como por sus flancos erosionados, este complejo cierra finalmente la Cordillera

Since the 1968 eruption Arenal has manifested itself as a dangerous volcano that emits pyroclastic flows. Since then its activity has not ceased and that has attracted a large number of tourists, especially because of the spectacle that is its random activity and thermal waters. That is why the building of hotel infrastructure at the base of the volcano, in some cases less than 3 to 5 km. from a straight line to the crater, are the chronicle of an imminent disaster, legally authorized by the competent authorities creating the conditions for a human catastrophe of great proportions. In case of a catastrophic pyroclastic eruption many hotels would be buried by scorching avalanches. The peripheral road and a non radial road is completely inadequate for a quick evacuation.

In regard to this, the journalist, Carlos Arguedas C. and Carlos Hernández, stated September 3d, 2007, in La Nacion newspaper of San Jose that 600 construction permits were issued between 2001 and 2007 by the San Carlos Municipality before geological studies on a radius of 5.5 km. from the superior crater. If we take the pyroclastic and ash eruption of the Chaiten Volcano in Chile as an example, which occurred May 2nd, 2008 and persist, it can be seen that the cities of Chaiten and Futaleufu located 10 kilometers away from the crater, where evacuated, as well as 4,500 inhabitants in a 30 km, radius. Lahars consequent to the eruption invaded the city of Chaiten. In Costa Rica La Fortuna village is only 10 km. away in a straight line from the main crater of the Arenal Volcano!

More Southeast the Arenal's twin, known as Chato hill, (1,140 meters high) is actuality an explosion caldera volcanic structure and as a consequence has lost its cone. The crater holds a pluvial lake. Of the same nature and period as the Arenal it is a center that can become active at any moment.

Following a NW-SE alignment a massif volcanic structure that corresponds to Los Perdidos is made present. A volcanic system from the late Pleistocene, more ancient than the others because of its mass as well as its eroded flanks, this complex concludes with the Guanacaste's

volcánica de Guanacaste. Esta estructura se funde con la masa más antigua de la cordillera terciaria de Tilarán. (Complejo Aguacate).

Caldera de colapso de San Lorenzo.

La descripción quedaría incompleta sin la mención de la caldera de colapso de San Lorenzo. En efecto dicha caldera de gran tamaño y que solo se percibe gracias a las imágenes satelitales, probablemente se inscribe en el Pleistoceno inferior. Dicha caldera marca la transición entre la Cordillera volcánica de Guanacaste y la Cordillera volcánica central.

2- EL COMPLEJO TENORIO-MONTEZUMA

El complejo Tenorio-Montezuma es el macizo volcánico más meridional de la Cordillera de Guanacaste, si tomamos en cuenta el vacío existente entre la cordillera de Guanacaste y el complejo Arenal. Son dos estrato-volcanes del Pleistoceno medio a superior compuesto por dos conos principales; el Tenorio (1.916 m de altitud) y su gemelo el Montezuma (1.820 m. de altitud), separados por una falla SE-NE. Entre ellos igualmente se dibuja una pequeña caldera de colapso de un tercer edificio volcánico, destroncado, cuyos remanentes forman una serie de mesetas estructurales de altitudes sub-iguales. En el terreno se presentan como cerros de morfología multiconvexa, compuesto por material piroclástico. Entre las mesetas se dejan entrever depresiones que podrían ser restos de pequeños cráteres explosivos. El conjunto volcánico Tenorio-Montezuma estaría relacionado con la edificación moderna del cono del Miravalles ya que todos se encuentran circunscritos en una caldera periférica que podría remontarse al Pleistoceno medio y cuya evidencia se puede apreciar en las imágenes satelitales radar.

Al igual que el Miravalles, el cono del volcán Montezuma está separada al sur, por una falla SW-NE de otra estructura volcánica, del Pleistoceno superior, bastante erosionada, que sin embargo deja entrever su morfología original.

El Volcán Tenorio domina desde el NW la vasta depresión tectónica del lago Arenal que es un conjunto de serranías bajas de altitudes

Volcanic Range. The structure merges with the older Tertiary Tilaran Mountain Range. (Aguacate Complex).

San Lorenzo's Collapsed Caldera.

The description would be incomplete without mentioning San Lorenzo's collapsed Caldera. This large caldera which can only be seen on satellite images is probably inscribed in the Early Pleistocene. The caldera marks the transition between the Guanacaste Volcanic Mountain Range and the Central Volcanic Mountain Range.

2- TENORIO-MONTEZUMA COMPLEX

Tenorio- Montezuma complex is the most Southern volcanic massif of the Guanacaste Mountain Range, if we take into account the gap between the Guanacaste's Mountain Range and the Arenal Complex. They are two stratus-volcanoes from the mid to late Pleistocene composed of two main cones; Tenorio volcano (1,916 meters high) and its twin Montezuma volcano (1,820 meters high), separates by a SE-NE fault. Between them a small collapsed caldera of a small third volcanic structure is distinguished, ruined, whose remains from a series of structural plateaus of sub-equal altitude. They are presented as multi-convex morphology on the terrain, composed of pyroclastic material. Between the plateaus, depressions that could be the remains of small explosive craters can be seen. Tenorio-Montezuma volcanic complex would be related to the modern Miravalles structural cone due to the fact that they are all found in a peripheral caldera that could date back to the mid Pleistocene and whose evidence can be appreciated on the radar satellite images.

Like Miravalles, the Montezuma volcanic cone is separated to the south, by a SW-NE fault of another volcanic structure, from the late Pleistocene, quite eroded, that none the less reveals its original morphology. Tenorio Volcano dominates from the Northwest the vast tectonic depression of Arenal Lake which is a group of volcanic sub-equal altitude low mountainous regions, which date back to the

Sector de Las Pailas. Mofetales Termales a los pies del Volcán Rincón de la Vieja. (Fotografía cortesía de Oscar Barrientos).

Thermal springs in Las Pailas sector, on the Rincon de La Vieja volcano base. (Photography coutesy of Oscar Barrientos).

Cascada de Río Celeste, en las faldas del volcán Montezuma.
(Fotografía de Jean Pierre Bergoeing. 2010).

Río Celeste's waterfall on the flanks of Montezuma's volcano.
(Photography of Jean Pierre Bergoeing. 2010).

sub-iguales, volcánicas que datan del Plio-Pleistoceno y descansan sobre series sedimentarias terciarias (formación Venado). En el sector norte del conjunto Tenorio-Montezuma una serie de ríos y cascadas asociadas con actividad hidrotermal volcánica dan la coloración particular al río Celeste por los aportes azufrados de sus aguas.

Pliocene-Pleistocene and rest upon Tertiary sedimentary series (Venado formation). In the Northern sector of Tenorio-Montezuma group a series of rivers and waterfalls associated with volcanic hydrothermal activity gives to Celeste River its particular color due to the volcanic sulfur contribution to its waters.

Fig. 27.   Cono del volcán Tenorio con su cumbre destruida por las erupciones del Holoceno. (Foto cortesía de Francisco Solano. 2010).

Fig. 27.   Tenorio volcanic cone. The destroyed Summit is due to the Holocene eruptions. (Photo courtesy of Francico Solano 2010).

3- EL VOLCÁN MIRAVALLES

La cúspide del volcán Miravalles alcanza los 2.028 m. de altitud y su cráter tiene un diámetro de unos 600 m. Posee seis focos volcánicos alineados NW-SE. Este estrato-volcán se ha reedificado en varias oportunidades durante el Cuaternario. A sus pies, en el sector NW se extiende una extensa meseta topográfica que corresponde al fondo de la caldera de colapso de Guayabo que data del Pleistoceno inferior (Entre 1.6 y 0.6 millones de años B.P. se produjeron fuertes emisiones de nubes ardientes (ignimbritas) y finalmente la subsidencia o el colapso del volcán Guayabo). (Gillot *et al.*, 1994). El rim remanente está representado por los cerros La Montañosa. La caldera ocupa una superficie de 200 km². Más al NE., otra paleo-caldera de colapso, aún mayor, domina la base de este coloso que lo separa del macizo Rincón de La Vieja y que ha quedado evidenciada por las imágenes satelitales radar.

El cono actual del Miravalles se ha edificado sobre una vasta caldera de colapso que es

3- MIRAVALLES VOLCANO

The peak of Miravalles Volcano has an altitude of 2,028 meters and its crater has a diameter of about 600 meters. It has six volcanic focuses aligned in a NW-SE direction. This stratus-volcano has been reconstructed on several opportunities during the Quaternary. At its base, in the northwest sector an extent topographic plateau extends that corresponds to the bottom of Guayabo's collapsed caldera that dates to the early Pleistocene (Between 1.6 and 0.6 million years B.P. strong smoldering cloud emission where produced (ignimbrite) and finally the subsidence or collapse of the former Guayabo's Volcano). (Gillot *et al.*, 1994). The remaining rim is represented by La Montañosa hills. The caldera occupies a surface of 200 km². Northeastern, another collapsed caldera, even larger, dominates the base of this colossus that is separated by the Rincon de la Vieja massif and that has been revealed thanks to radar satellite images.

compartida con el volcán Tenorio más al sur, cuya evidencia queda demostrada una vez más por las imágenes radar. El flanco SW del Miravalles está bordeado por los cerros Espíritu Santo y Gota de Agua que corresponden a conos eruptivos del Pleistoceno inferior a medio. Estos cerros están separados del cono del Miravalles por una falla WSW-ENE que pasa entre los conos del volcán Tenorio y Montezuma y se pierde en la llanura del norte. Restos de calderas menos importantes flanquean el costado NE del Miravalles. El volcán Miravalles está separado del complejo volcánico Tenorio-Montezuma por una depresión tectónica SW-NE. El volcán Miravalles presenta actualmente actividad fumarólica, solfataras y fuentes termales. Coladas de lava andesíticas del Holoceno, tapizan su flanco NW., y la actividad geotérmica manifestada desde 1946 es hoy explotada por el Instituto Costarricense de Electricidad.

The actual Miravalles cone has been built upon a vast collapsed caldera that is shared South with Tenorio Volcano as is verified once again by radar images. The southwest flank of Miravalles is bordered by the Espiritu Santo and Gota de Agua peaks that correspond to eruptive cones from the early to mid Pleistocene. These cones are separated from the Miravalles cone by a WSW-ENE fault that goes between the Tenorio and Montezuma Volcanoes and get lost in the northern plains. Remains of lesser important calderas flank the northeast side of the Miravalles. Miravalles is separated from Tenorio-Montezuma volcanic complex by a SW-NE tectonic depression. Miravalles Volcano currently presents fumaroles activity, solfataras and thermal springs. Andesite lava flows from the Holocene, line its northwest flank, and the geothermal activity manifested since 1946 is today exploited by the Instituto Costarricense de Electricidad, ICE.

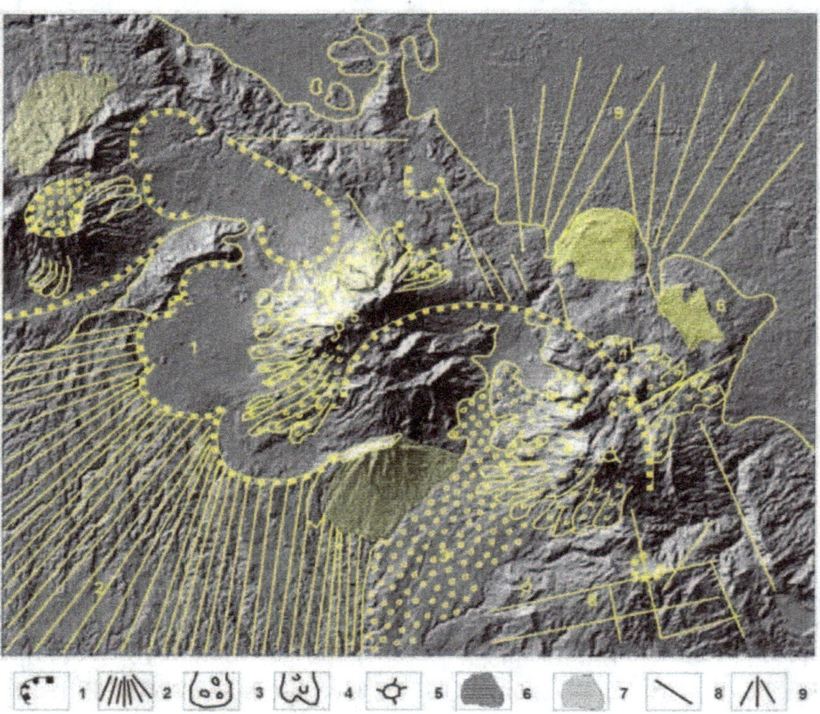

1- Borde de calderas de colapso. Callapse caldera rim. 2- Cono ignimbrítico de la Caldera de Guayabo. Ignibritic cone of the Guayabo caldera. 3- Coladas de lava del Rincón de la Vieja. Lava flows of the Rincon de La Vieja volcano. 4- Coladas de lava del Miravalles y Tenorio. Lava flows of the Miravalles and Tenorio. 5- Cráteres. Craters. 6- Planezes. Planezes. 7- Lahares. Lahars. 8- Fallas. Faults. 9- Glacis de la llanura de inundación del norte. Flooded North plain glacis.

Fig. 28. Fotointerpretación geomorfológica de una imagen satelital radar Landsat del complejo Miravalles-Tenorio. J. P. Bergoeing 2008.

Fig. 28. Geomorphologic photointerpretation of a Landsat radar satellite image of the Miravalles-Tenorio complex. J. P. Bergoeing 2008.

4- EL COMPLEJO RINCÓN DE LA VIEJA

El complejo volcánico Rincón de La Vieja está situado entre el sistema Orosi-Cacao y el Miravalles. Es un estrato volcán complejo del Pleistoceno medio a superior. (Boudon *et al*. 1996). Nueve cráteres se alinean en la cima alargada de este macizo. De ellos hay que nombrar al Santa María (1.916 m de altitud) que alberga una laguna pluvial; el Rincón de La Vieja, principal cráter activo de este macizo y cuya pared sur alcanza los 1.800 m de altitud. Presenta gran actividad volcánica de las cuales las erupciones más recientes se remontan a 1966-1970 y 1991-1992 e intensa actividad fumarólica. Más al noroeste emerge el cráter Von Seebach que se eleva a 895 m de altitud. La parte SE del alineamiento cratérico, se caracteriza también por la presencia de una gran caldera explosiva a 1.600 m de altitud, erosionada y abierta hacia el NE, que alberga dos cráteres. El borde SE de la caldera posee otro cráter muy erosionado llamado Marmo, el cual alcanza los 1.640 m de altitud. La vertiente occidental, aunque regular, presenta en su sector medio un gran circo de erosión, donde se han tallado profundos cañones fluviales. En la base emergen domos dacíticos a riodacíticos, del Pleistoceno inferior (Bellon y Tournon, 1978), como Fortuna (479 m.), San Roque (540 m.), Cañas Dulces (655 m.), Góngora (768 m.) y San Vicente (600 m.). (Bergoeing, 2007).

4- RINCON DE LA VIEJA COMPLEX

Rincon de la Vieja Volcanic Complex is situated between the Orosi-Cacao system and the Miravalles. It is a complex stratus-volcano from the mid to late Pleistocene. (Bourbon *et al*., 1996). Nine craters are align on the long peak of this massif. Of these we should mention the Santa Maria (1,916 meters high) that holds a pluvial lake; the Rincon de la Vieja, main active crater of the massif and whose southern wall has an altitude of 1,800 meters. It presents substantial volcanic activity in which the most recent eruptions go back to 1966-1970 and 1991-1992 and also intense fumaroles activity. To the Northeast emerges the Von Seebach Crater that reaches an altitude of 895 meters. The Southeast part of the crater alignment, is also characterized by the presence of a great explosive caldera 1,600 meter high, eroded and exposed to the Northeast, holding two craters. The southeastern border of the caldera contains another much eroded crater called Marmo, reaching an altitude of 1,640 meters. The western slope, although irregular, presents in its mid sector a large circle of erosion, where deep fluvial canyons are carved. On the base dacitic and ryodacitic domes emerge, from the early Pleistocene (Bellon and Tournon. 1978), such as Fortuna (479 m.), San Roque (540 m.), Cañas Dulces (655 m.), Gongora (768 m.) and San Vicente (600 m.). (Bergoeing, 2007).

Fig. 29. Domo dacítico de San Roque, erosionado en su flanco Este. (Foto J. P. Bergoeing 2008).

Fig. 29. San Roque's dacitic dome. The Eastern flank eroded. (Photo J. P. Bergoeing 2008).

Igualmente cabe mencionar en el sitio Coyol, bordeado por el río Colorado y la quebrada Jaramillo, manantiales de aguas termales y mofetales de barro, asociados al vulcanismo del Rincón de La Vieja. El contacto del cono volcánico con la meseta estructural del oeste es el resultado de derrames principalmente ignimbríticos sucesivos y lahares. La vertiente oriental, más regular, está recubierta por una densa vegetación natural, y se termina en una meseta estructural volcánica donde se inscribe una antigua caldera de colapso, no consignada en las cartas geológicas por la cobertura nubosa permanente del sector, pero que se hace evidente al estudiar las imágenes satelitales radar. El material superficial, de los últimos 300.000 años de este macizo volcánico está conformado por depósitos cineríticos, lahares, así como piroclastos de composición andesítica. (Carr *et al.*, 1986; Chiesa *et al.*, 1994). La actividad eruptiva histórica de este complejo se remonta a 1765 y se ha caracterizado principalmente por vapor y columnas de cenizas. Según Boudon, (1996) el Rincón de La Vieja puede producir erupciones con derrames laháricos, principalmente hacia el norte, lluvias ácidas, avalanchas volcánicas y caída de cenizas.

The Coyol site is equally mentionable, bordered by the Colorado River and the Jaramillo Creek, here thermal water springs and mud spring, are associated with the Rincon de la Vieja volcanism. The contact of the volcanic cone with the structural plateau to the West is mainly the result of the successive ignimbrite spills and lahars. The Eastern slope, more regular, is covered by dense natural vegetation, and ends in a volcanic structural plateau where a collapse caldera is inscribed, not consigned in geologic maps due to the permanent cloud cover of the area, but has been made evident studying the radar satellite images. The superficial material, of the last 300,000 years of this volcanic massif is conformed of cineritic deposits, lahars, as well as pyroclasts of andesite composition. (Carr *et al.*, 1986; Chiesa *et al.*, 1994). The historic eruptive activity of the complex goes back to 1765 and is mainly characterized by vapor and columns of ash. According to Bourdon, (1996) Rincon de la Vieja can produce eruptions with lahar lava flow, mainly to the North, acid rain, volcanic avalanche and descent of ash.

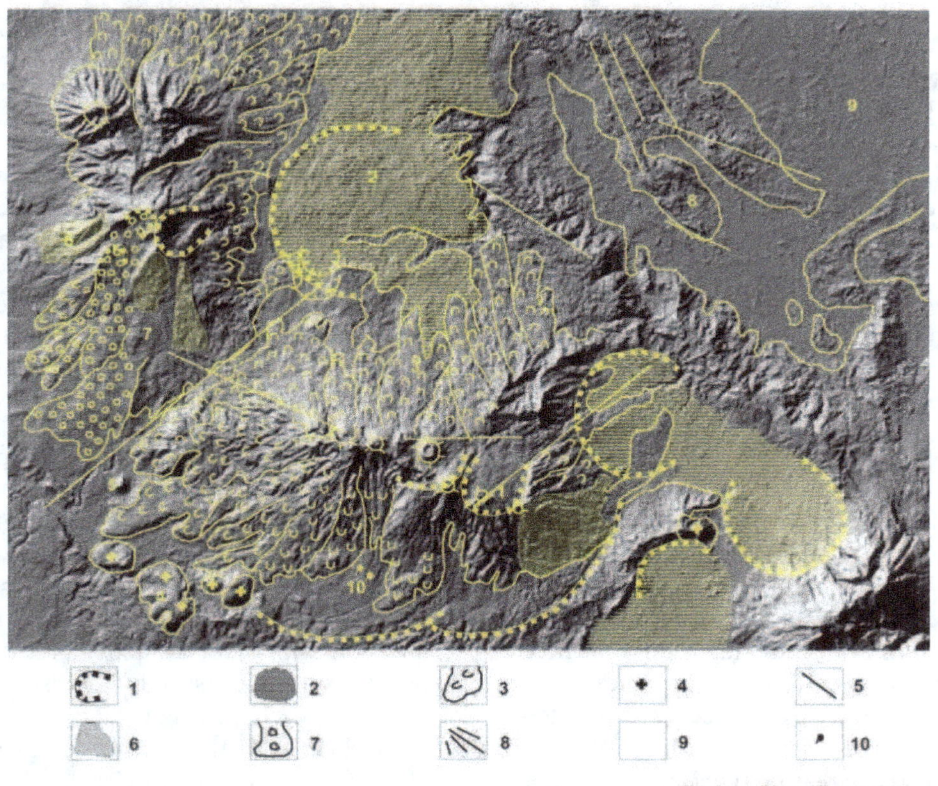

1- Borde de calderas de colapso. Collapased calderas rim. 2- Mesetas estructurales. Structural plateaus. 3- Coladas de lava. Lava flows. 4- Domos volcánicos del Plioceno. Pliocene volcanic domes. 5- Fallas tectónicas. Tectonic Faults. 6- Planezes. Planezes. 7- Lahares. Lahars. 8- Relieves sedimentarios Terciarios. Terciary sedimentary reliefs. 9- Llanura de inundación del norte. Northern flood plain. 10- Surgencias de aguas termales. Thermal springs.

Fig. 30. Fotointerpretación geomorfológica de una imagen satelital radar Landsat del volcán Rincón de la Vieja. (Dr. J. P. Bergoeing 2008).

Fig. 30. Geomorphologic photointerpretation of a Landsat radar satellite image of the Rincon de La Vieja volcano. (J. P. Bergoeing 2008).

5- EL CONJUNTO VOLCÁNICO OROSI - CACAO

El conjunto Orosi-Cacao está formado por estrato-volcanes del Pleistoceno superior, compuesto por varios conos y cráteres donde destacan el Orosi (1.440 m.de altitud), el Orosilito (1.200 m de altitud), el Pedregal (1.100 m. de altitud) y el Cacao (1.659 m. de altitud). Visto desde el norte, el cono volcánico del Orosi se presenta como un cono perfecto, puntiagudo, recubierto en su parte superior por una exuberante vegetación tropical, lo cual demuestra su juventud relativa puesto que la erosión tropical no lo ha entallado con profundos cañones. Los cráteres de este conjunto se encuentran desbocados o abiertos hacia el SW por efecto de las erupciones aunadas a los Alisios que soplan constantemente del NE. Una

4- OROSI – CACAO VOLCANIC GROUP

Orosi-Cacao group is formed by stratus-volcanoes from the Upper Pleistocene, composed of various cones and craters where; Orosi (1,440 m.), Orosilito (1,200 m.), Pedregal (1,100 m.) and Cacao (1,659 m.) stand out. Seen from the North, Orosi's volcanic cone is presented as perfect, pointy, covered on its peak with exuberant tropical vegetation, which shows its relative youth because tropical erosion hasn't carved it with deep canyons. The craters from this group are found broken or opened towards the southwest because of the eruptions as well as the trade winds that constantly blow from the

estructura caldérica explosiva separa los cráteres del Orosi y del Orosilito. Los conos del flanco norte, sin embargo, están surcados por profundos barrancos recubiertos por una espesa vegetación tropical. A los pies del complejo volcánico, la meseta ignimbrítica se prolonga por el norte hasta el poblado de Santa Cecilia, donde el modelado es el de cañones de fondo plano y de terrazas fluviales de erosión modeladas en las ignimbritas. A partir de Santa Cecilia, la meseta está recubierta por lahares creando un modelado de meseta topográfica con relieves multiconvexos.

Más al sur se alza el cono del volcán Cacao adosado a la estructura del complejo Orosi. Este se caracteriza en su flanco SW por dos cráteres muy erosionados y abiertos en dirección de la meseta ignimbrítica. A medio flanco un tercer cráter, reciente, se impone sobre los precedentes, por donde surgió un importante flujo lahárico con piroclastos y gran cantidad de pómez, constituyendo un vasto cono de deyección que se termina al contacto con la meseta estructural. A los pies del flanco oriental del cono del Cacao, se dibuja una vasta depresión circular que es sin dudas una caldera de colapso en parte entallada por el cañón del rio Pizote también conocido como río Niño. Una falla NE-SW limita este primer complejo volcánico con el Rincón de La Vieja.

III- CONCLUSIONES

En conclusión podemos afirmar que Costa Rica es un país eminentemente volcánico y que su construcción estructural se debe al choque de las placas tectónicas del Coco y del Caribe, que han originado el vulcanismo ya descrito y la orogénesis que ha solevantado todo el conjunto llevándolo a altitudes que hoy alcanzan los 3.820 m (Cerro Chirripó en Talamanca). Las estructuras más antiguas desparecieron por efecto de la erosión aunque sus relictos nos permiten conocer su pasado, sin embargo los edificios volcánicos de finales del Terciario siguen en pie como testimonio de esta predominancia ígnea del país. A estas formas antiguas del vulcanismo le sucederán durante el Cuaternario la edificación de los modernos conos volcánicos de la Cordillera Central y de Guanacaste.

Northeast. An explosive caldera structure separates the Orosi and Orosilito craters. The cones from the Northern slope, however, are furrowed by deep gullies covered by dense tropical vegetation. At the base of the volcanic complex, the ignimbrite volcanic plateau prolongs to the North to Santa Cecilia's village, where the modeling consist of fluvial canyons of flat bottoms and erosion fluvial terraces modeled in the ignimbrite. From Santa Cecilia, the plateau is covered by lahars creating a topographic plateau with a multi-convex relief.

More South rises Cacao Volcano cone which is joined to the Orosi complex. It is characterized on its Southwestern slope by two much eroded craters and opened in the direction of the ignimbrite plateau. Halfway on the slope a third recent crater, imposes itself on the previous, from where an important lahar lava flow with pyroclast and a large quantity of pumice surges, constituting a vast alluvial fan that ends when making contact with the structural plateau. At the base of the eastern flank of the Cacao cone, a vast circular depression is drawn that no doubt is a collapsed caldera partly carved by the canyon of the Pizote River also known as the Niño River. A NE-SW fault borders this first volcanic complex with the Rincon de la Vieja.

III- CONCLUSIONS

In conclusion we can say that Costa Rica is a country eminently volcanic and its structural construction is due to the collision of tectonic plates of Coco's and the Caribbean which have resulted in the already described volcanism and orogeny that raised the hole country to altitudes reaching today 3.820 m (Chirripó Mountain in Talamanca). The oldest structures disappeared due to erosion even if its relicts allows us to know its past, but volcanic late Tertiary buildings remain standing as a testimony if this igneous predominance in the country. These ancient volcanic forms will be replaced during the Quaternary period by the new buildings of the modern volcanic cones of Guanacaste and Central Mountain Ranges.

Tanto la Cordillera Volcánica Central de Costa Rica como la de Guanacaste son el resultado de una intensa actividad volcánica que no ha cesado a lo largo del Cuaternario. Es el producto de ascensos magmáticos que se inician a fines del Plioceno y se prolongan hasta hoy. Los focos volcánicos, producto de los ascensos magmáticos se sitúan a unos 8 a 10 km de profundidad y se alinea en una fisura NW-SE que corresponde al borde sur del graben de Nicaragua asociado a la zona de subducción de las placas de Coco y del Caribe. Las cordilleras se han edificado paulatinamente alcanzando elevaciones importantes en el Pleistoceno superior y Holoceno, pese a estar sometidas a una intensa erosión producto del clima tropical húmedo imperante en estas latitudes. Por ello las formas derivadas, tanto erosivas como de deposito son impresionantes por su magnitud. Van desde los mega deslizamientos a los conos coalescentes, asociados a los eventos volcánicos mayores que caracterizan e individualizan cada macizo volcánico.

Todos estos volcanes son amenazas potenciales para los habitantes aledaños por cuanto su actividad ha venido evolucionando y acidificándose a lo largo del Cuaternario. Si la base volcánica de la Cordillera Central contiene coladas basálticas, a medida que se asciende estratigráficamente se pasa progresivamente a una acidificación magmática pasando por tobas y brechas hasta llegar a las ignimbritas que son una expresión ácida de erupciones peleanas o explosivas y que por lo tanto pueden reproducirse en un futuro cercano.

La Cordillera volcánica de Guanacaste se orienta al norte de una discontinuidad tectónica WSW-ENE que diferencia la zona de subducción de las placas tectónicas del Coco y del Caribe y que a partir del complejo volcánico Arenal hacia el norte, se sumerge poderosamente con un fuerte ángulo de inclinación. Ello ha permitido una gran actividad volcánica desde fines del Plioceno de tipo ácido, ignimbrítico, que edificó el substrato volcánico sobre el cual se asientan los estrato-volcanes modernos. Algunos de ellos se han edificado sobre estructuras caldéricas más antiguas, colapsadas. Estas estructuras son más frecuentes en la vertiente Caribe pero muchas desconocidas hasta hoy, ya que ocultas por una masa nubosa que suele estacionar en los flancos volcánicos, no así a la visión radar que nos ha permitido ponerlas en evidencia.

Both the Central and Guanacaste volcanic mountain ranges are the result of intense volcanic activity that hasn't ceased through the Quaternary. It is the product of magmatic ascensions that begin towards the end of the Pliocene and they last until today. The volcanic centers, produced by magmatic ascensions are located 8 to 10 km. deep and are aligned in a NW-SE fissure that corresponds to the southern border of the grabben of Nicaragua related with the subduction zone of the Caribbean and Cocos plates. The mountain ranges have gradually risen up reaching considerable altitude during the late Pleistocene and Holocene, in spite of being undergone into intense erosion due to the prevailing humid tropical climate of these latitudes. For that reason the consequent forms, even erosive as depositional are impressive because of its magnitude. They go from mega landslides to coalescent cones, associated to the mayor volcanic events that characterize and individualize each volcanic massif.

All these volcanoes are potential hazards to the neighboring inhabitants because their activity has evolved and acidified through the Quaternary. If the volcanic base of the Central Mountain Range contains basalt lava flows, as you move upward stratigraphically you go progressively to a magmatic acidification, from tuffs and breches reaching the ignimbrite, that is an acid expression of a pelean or explosive eruption and therefore could reproduce in a nearby future.

The Guanacaste Volcanic Mountain Range is oriented north of a WSW-ENE tectonic discontinuity that differentiates the subduction zone of the Coco's and Caribbean tectonic plates and from the Arenal volcanic complex towards the north, powerfully submerges with a strong sloping angle. That has allowed a large acid, ignimbrite volcanic activity since the end of the Pliocene that built the volcanic substratum on which the modern stratus-volcanoes are situated. Some of them have been constructed on collapsed, more ancient caldera structures. These structures are more frequent in the Caribbean slope although many are unknown to these days, hidden as a result of massive clouds that usually settle on the volcanic slopes, but not from the radar vision that has allowed them to become evident.

GLOSARIO – GLOSSARY

Accidente tectónico. Ruptura de la superficie terrestre por efecto de fuerzas endógenas.

Tectonic accident. Break of the terrestrial surface by effects of endogenous forces.

Adosado. Pegado a.

To be lean against.

Afloramiento. Superficie emergida de una estructura.

Outcrop. To rise to the surface.

Alineamiento cratérico. Línea imaginaria donde se ordenan algunos cráteres volcánicos .

Craters alignement. Imaginary line where some volcanic craters are aligned.

Alterado. Material deteriorado por efectos de los agentes climáticos.

Deteriorated. material by weathering.

Alterita. Material alterado no definido.

Alterated material. Material not especified

Andesitas afíricas. Lavas de acidez intermedia ricas en oxido de titanio y plomo.

Aphiric andesites. Lavas formed of lead and titanium oxide.

Andesita brechosa. Lava andesítica mezclada con brechas.

Brechic andesite. Andesite lava mixed with breches.

Andesita piroxénica. Lava de acidez básica a intermedia rica en piroxenos.

Pyroxenic andesite. Lava of basic to intermediate acidity rich in piroxenes

Barranco. Precipicio.

Barranco. Precipice.

Basamento. Base de un volcán donde comenzó su edificación.

Base or basal. Base of a volcano where it began it's building.

B. P. Antes de 1953, fecha que toma como base el carbono 14 para medir el tiempo.

B. P. Time Before Present (1953) used with C14 for radiometric dating).

Biostásico. Período de equilibrio vegetacional durante el periodo interglaciar.

Biostasic. Period of vegetation equilibrium during an interglacial period.

Brecha. Lava compuesta por material volcánico antiguo, anguloso, mezclado con lava más reciente.

Breche. Volcanic rock cemented with other sharp volcanic rocks.

Caída libre. Todo objeto que cae por efecto de la gravedad.

Downfall. Of a material.

Caldera de colapso. Hundimiento y desaparición de un antiguo cono volcánico por efectos de la descompresión de la cámara magmática.

Collapse caldera. by decompression of the magmatic chamber.

Cañón. Hendidura fluvial profunda por efectos de la erosión fluvial.

Fluvial canyon. Crack made by fluvial erosion.

Cenizas alteradas. Las cenizas volcánicas en proceso de arcillificación.

Deteriorated ashes. in a clay processes

Colmatar. Rellenar hasta el tope.

To fulfill

Collado. Paso entre dos cimas montañosas.

Way, pass path. Between two mountains.

Cono adventicio. También conocido como cono parásito, conos volcánicos menores que se han construido después del cono principal.

Adventious cone. Parasitic cone, near a principal volcanic cone.

Cono de deyección coalescente. Depósito de materiales a los pies de una vertiente por efectos hídricos que se entrecruzan al momento de depositarse.

Coalescent aluvial. Fan formed by material deposited at the feet of a slope by fluvial processes.

Contorsión brusca de Quesada. Cambio de ángulo de inclinación de la zona de subducción en el sector de Quesada.

Sudden contorsion of Quesada. Change on the angle of the subduction area near Quesada sector.

Dacita. Lava volcánica de acidez intermedia.

Dacite. Intermediate acidity lava rock.

Dacítico. Perteneciente a las dacitas.

Dacitic. Belonging to the dacites.

Derrame. Depósito de lava tras una erupción.

Lava flow. Lava deposits after an eruption.

Desbocado. Cráter abierto por efectos de una erupción o por la erosión.

Mouth breaked. Crater by a volcanic eruption.

Desgaste erosivo. El desgaste normal de una roca por efectos de los agentes del clima Erosive wear of a rock.

Deslizamiento. Desprendimiento de material de una vertiente por efectos de la gravedad.

Landslide. Slide of material in a slope do to gravity force.

Desnivel. Cambio de altitud entre dos superficies.

Unevenness, gradient. Difference of level between two surfaces.

Destroncado. Que ha sido cortado de su base.

Truncated. Cut on his base.

Domo adventicio. Construcción volcánica secundaria de forma arredondeada.

Secondary volcanic dome. Volcanic building forming a dome.

Edificio volcánico. La totalidad del volcán construido por los elementos eyectados del interior de la Tierra.

Volcanic structure build. By lava emitted from the interior of the Earth.

El complejo. Estructuras volcánicas asociadas.

The complex. Association of volcanic structures.

Emisor magmático. Lugar donde se origina la fuente de un derrame volcánico.

Emission center. Origin place of a magmatic flow.

Emisión. Salida de material de un cráter o fisura.

Emission. Flow of volcanic material.

Emisión estromboliana. Erupción volcánica con mucha ceniza que adopta la forma de un coliflor.

Strombolic eruption. Eruption forming a cloud in the shape of cauliflower.

Emitir flujos. Derrames de lavas.

Flows. Lava emissions.

Entalle. hendiduras por erosión.

Carve. Scar by erosive process.

Entrecortada. Interrumpida en su secuencia.

Cut off. In it sequence

Erupción plineana. Erupción de piroclastos como la que destruyó Pompeya.

Plinian eruption. Like Pompeii eruption.

Espesor. Grueso de una masa o depósito volcánico.

Espesor. Thickness of a volcanic deposit.

Escalonado. Con forma de peldaños.

Steped. Forming steps

Escoria. Material de lava volcánica de 0.2 a 3 cm. de diámetro depositado en un cono volcánico.

Dross. Volcanic trash of 0.2 to 3 cm of diameter.

Estrato volcán. Cono volcánico construido por la superposición de coladas, cenizas y lavas.

Strato. Volcanoe formed by a superposition of lava flows and ashes.

Estructura caldérica de explosión. Forma circular producto de la explosión y desaparición de un cono volcánico.

Explosive caldera structure. The volcanic cone disappears after a violent explosion.

Explosión freática. Erupción asociada con cantidades importantes de agua proveniente del interior de la Tierra.

Phreatic explosion. During this process large amount of wather becoming form the Earth is associated with a eruption

Fisura. Rompimiento.

Fisura. Crack.

Flanco. Vertiente.

Flanco. Slope.

Foco de emisión. Lugar por donde sale el material volcánico, puede ser un cráter o una fisura.

Emission focus. Emission center, place were volcanic material is emitted.

Foco eruptivo. Foco de emisión. Lugar por donde salen los materiales volcánicos del interior de la Tierra.

Eruptive focus. Place where lava flows erupt.

Foco volcánico. Lugar de emisión de material volcánico.

Volcanic focus. Place of volcanic emissions

Flujo constante. Derrame incesante.

Permanent flow.

Fumarolas. Desprendimientos gaseosos de un cráter volcánico.

Fumeroles. Gaseous detachments of a volcanic crater.

Glacis. Depósitos muy finos con pendientes de 1° a 3°, al final de un cono de deyección.

Glacis. Very thiny deposits with slopes of 1 ° to 3 °, at the end of an alluvial fan).

Hendidura. Fisura

Hendidura. Fissure.

Hervideros. Emisiones de agua caliente y barro próximas a un volcán.

Bowling water Springs. Hot water surging from the Earth doing bubbles near a volcano.

Lapilli. Material lávico fino eruptado por un volcán y depositado en sus laderas.

Lapillo. Lava material, very thin erupted by a volcano and deposited in the hillsides.

Lavaka. Término malgache que designa un gran circo de erosión en los medios volcánicos (lavaka).

Lavaka. Madagascar Expression describing large erosion circus.

M.a. Millones de años, medidos gracias a dataciones radiométricas por métodos como el C 14 o K/A.

M.y. Million years dated by radiometric methods like C14 or K/Ar.

Maar. Cráter explosivo de origen gaseoso.

Gassmaar. Explosive gaseous crater.

Macizo. Montaña.

Massif. Mountain.

Máfico. Se denomina máfica a una roca ígnea que contiene un bajo contenido de sílice y en su lugar contiene altas cantidades de hierro.

Maphic. Igneous rock that contains a low content of silica and high quantities of iron.

Manifestación volcánica. Signos de actividad volcánica.

Volcanic awakening. Or volcanic alert.

Materiales caóticos rodados sanos. Rocas de todo tamaño desplazadas por efectos de la pendiente y las aguas fluviales.

Non altered chaotic. Rock material slided by gravity or water.

Material cinerítico. Cenizas volcánicas.

Cinder material. Volcanic ash.

Mega circo de erosión. Anfiteatro de erosión idem a Lavaka.

Mega amphitheater. Erosion amphitheater: Also Lavaka.

Mega deslizamiento. Deslizamiento de tamaño descomunal.

Mega landslide. Very big landslides.

Meseta. Superficie plana, puede ser de origen topográfico (por erosión) o de origen estructural (coladas de lava, depósitos sedimentarios).

Plateau. Flat surface, it can be of topographic origin (by erosion process) or of structural origin (lava flows, sedimentary deposits).

Modelado. Tipo de paisaje resultante de los efectos combinados de la naturaleza.

Shape. Final landscape resulting of combined effects of the nature.

Moderno. Reciente.

Modern. Recent.

Mofetal de barro. Surgencia de aguas barrosas ricas en azufre de donde su nombre de mofetal.

Mud spring. Sulphureous mud ponds where from its stinking smell.

Montaña. Construcción de una masa de material por efectos de la tectónica y/o el volcanismo.

Mountane. Build up consequence of tectonics and /or volcanism.

Multiconvexo. Modelado típico de los países tropicales por efecto de la alteración de los materiales, que adopta formas arredondeadas. (Media naranja).

Multi-convex. Typical shape of tropical countries by effect of alteration of the materials, which adopts round forms (Half orange).

Olivino. Cristal componente de una lava generalmente de color verdoso.

Olivine. Green cristal component of a igneous rock.

Pardo. Color café oscuro.

Pardo. Brown color.

Paleógeno. Periodo Terciario inferior.

Paleogenic. Low Tertiary period.

Peleano. Tipo de erupción con flujos piroclásticos o nubes ardientes que alcanzan los 800° C y bajan por las laderas del cono volcánico.

Pelean eruption. Kind of gaseous eruption or nuées ardentes that could reach 800°C.

Planeze. Superficie triangular remanente de la parte superior de un cono volcánico Planeze= Triangular superior volcanic remanent shape of a volcanic cone.

Post – colapso. Después del hundimiento de una caldera.

Post collapse. After a caldera collapsed.

Rasgadura. Rompimiento de una estructura rígida.

Fostripes. Crack on a rigid structure.

Resistásico. Periodo de gran erosión por una glaciación.

Rhexistasic. Great erosional period during a glaciation.

Riodacítico. De composición mixta riolítica y dacítica, lavas muy ácidas con erupciones explosivas.

Rhyodacitic. Acid mixed lava composition, (rhiolitic and dacitic), producing explosives eruptions.

Riolítica. Lava muy ácida.

Riolytic. Very acid lava.

Solfatara. Fuente de emisión de gases en cráteres volcánicos.

Solfatara. Gas emission source in volcanic craters.

Substrato. Que yace bajo una superficie.

Substratum, substrate. That lies under a surface.

Subida. Ascenso magmático.

Ascent. Magmatic raise.

Sub-igual. De altitudes similares.

Sub-igual. Identical levels.

Surcado. Dibujado en su superficie.

Furrowed. Drawn in it's surface.

Surgencia, Manantial. Naciente de aguas.

Spring. Water spring.

Talweg. Línea que une los puntos más deprimidos de un perfil fluvial.

Talweg. Line joining the most depressed points on a fluvial profile.

Tipo canoa. Lavas alargadas que se enfrían superficialmente. La parte superior desaparece por efectos de la erosión.

Canoe lava type. Elongated lava cooled superficially. The top part disappears by effects of the erosion.

Toba. Roca volcánica ácida.

Tuff. Volcanic acid rock.

Vulcanismo. Relativo a la actividad de los volcanes.

Volcanism. Associated with volcanic activity.

Bibliografía - Bibliography

ALLEGRE C. J. & CONDOMINES M. 1976. *Fine chronology of volcanic processes using 238U-230Th systematic.* Earth Planet Sc. Lett. 28: pp. 395-406.

ALVARADO G. E., PÉREZ W., VOGEL TH. A. GRÜGER, H. , PATIÑO, L. 2010. *The Cerro Chopo basaltic cone (Costa Rica): An unusual completely reversed graded, pyroclastic cone with abundant low vesiculated cannonball juvenile fragments.* Journal of Volcanology and Geothermal Research.

ALVARADO I. , G. . 2000. *Volcanes de Costa Rica.* Editorial Universidad Estatal a Distancia UNED. San José, Costa Rica.

ALVARADO G. E., 1989. *Los Volcanes de Costa Rica.* San Jose, Costa Rica.Universidad Estatal a Distancia, pp. 175.

ALVARADO, G. E., SOTO, G. J., GHIGLIOTTI, M., & FRULLANI, A., 1997. *Peligro volcánico del Arenal-.* Vol. OSIVAM, 7 (15-16): 62–82, San José.

ALVARADO G. E, KUSSMAUL S, CHIESA S, GILLOT P-Y, APPEL H, & WORNER G, RUNDLE C, 1992. *Resumen cronoestratigrafico de las rocas igneas de Costa Rica basado en dataciones radiometricas.* J South Amer Earth Sci, 6: 151-168.

ALVARADO G. E., & CARR M. J., 1993. *The Platanar-Aguas Zarcas volcanic centers, Costa Rica: spatial-temporal association of Quaternary calc-alkaline and alkaline volcanism.* Bull. Volc. 55: 443-453.

ALVARADO G, ACEVEDO A P, MONSALVE M L, ESPINDOLA J M, GOMEZ D, HALL M, NARANJO J A, PULGARIN B, RAIGOSA J, SIGARAN C, & VAN DER LAAT R, 1999. *El desarrollo de la vulcanología en Latinoamérica en el ultimo cuarto del siglo XX.* Rev Geof, 51: 185-241.

ALVARADO G. E., 2000. *Volcanes de Costa Rica: su geologia, historia y riqueza natural.* San Jose, Costa Rica: EUNED, pp. 269.

ALVARADO G. E., & SOTO G. J, 2002. *Pyroclastic flow generated by crater-wall collapse and outpouring of the lava pool of Arenal volcano, Costa Rica.* Bull Volc, 63: 557-568.

ALVARADO G. E, VEGA E, CHAVES J, & VASQUEZ M, 2004. *Los grandes deslizamientos (volcánicos y no volcánicos) de tipo debris avalanche en Costa Rica.* Rev Geol Amer Central, 30: 83-99.

ALVARADO G. E., 2005. *Costa Rica, Land of Volcanoes.* San Jose, Costa Rica: EUNID, pp 306.

ALVARADO G. E, CARR M J, TURRIN B D, SWISHER CC III, SCHMINCKE H-U, & HUDNUT K. W, 2006. *Recent volcanic history of Irazu volcano, Costa Rica: alternation and mixing of two magma batches, and pervasive mixing. In:* Rose W I, Bluth G J S, Carr M J, Ewert J W, Patino L C, Vallance J W (eds), Volcanic hazards in Central America, Geol Soc Soc Amer Spec Pap, 412: 259-276.

ALVARADO G E, SOTO G J, SCHMINCKE H-U, BLGE L L, & SUMITA M, 2006. *The 1968 andesitic lateral blast eruption at Arenal volcano, Costa Rica.* J Volc Geotherm Res, 157: 9-33.

ATWATER, T. 1970. *Implicaciones de las placas tectónicas de la evolución tectónica Cenozoica del oeste de América del Norte.* Geol. Society of America Bulletin, V. 81, p. 3513-3556, USA.

AZAMBRE B. & TOURNON J. 1977. *Les intrusions basiques alcalines du Rio Reventazon (Costa Rica).* C.R. somm. Soc. Geolo. France, 1977 fasc.2, p.104-107. Paris. Francia.

BATTISTINI R. & BERGOEING J. P., 1982. *Volcanisme récent et variations climatiques Quaternaires du Costa Rica* in Bull. Assoc. Géog. Français N.° 485, pp. 96-98. Paris.

BARQUERO HERNANDEZ J., 1976. *El Volcán Irazú y su Actividad*. San José, Costa Rica. Escuela de Ciencias Geográficas, 63 p.

BARQUERO, J. & SEGURA, J., 1983: *La actividad del volcán Rincón de la Vieja*. Boletín de Vulcanología, UNA, Heredia, 13:5-10.

BARQUERO, J. & FERNANDEZ, E., 1987. *Estado de los volcanes en Costa Rica*. Boletín de Vulcanología, UNA, Heredia, 18:5-6.

BEAUDET G. GABERT P. & BERGOEING J. P., 1984. *La Cordillère de Talamanca et son piémont: Néotectonique et variations morpho climatiques dans le sud Pacifique du Costa Rica*. Montagnes et Piémonts R.G.P.S.O. Toulouse. Pp.121-133.

BELLON, H. & TOURNON, J., 1978. *Contribution de la géochronométrie K/Ar a l'étude du magmatisme de Costa Rica, Amérique Centrale*. -Bull. Soc. Geol. France, (7), XX, (6): 955-959; Paris.

BERGOEING J. P. & BRENES L. G., 1977. *Laguna de Hule, una Caldera Volcánica*. in Informe Semestral, julio-diciembre 1977, Instituto Geográfico Nacional, San José, Costa Rica.

BERGOEING J. P. MALAVASSI E. & PROTTI R. 1978. *Tres posibles edificios volcánicos del sector Cerros del Aguacate*. in Informe Semestral julio-diciembre 1978, Instituto Geográfico Nacional, San José, Costa Rica.

BERGOEING J.P., MORA S. & JIMENEZ R. 1978. *Evidencias de vulcanismo Plio-cuaternario en la Fila Costeña, Térraba, Costa Rica*. in Informe Semestral julio-diciembre 1978, Instituto Geográfico Nacional, San José, Costa Rica.

BERGOEING J. P., 1979. *El volcán Las Nubes*. in Informe Semestral enero-junio 1979, Instituto Geográfico Nacional, San José, Costa Rica.

BERGOEING J. P., BRENES Q., & L. G., MALAVASSI e. 1982. *Geomorfología del Pacífico Norte de Costa Rica*. Escala: 1 :100.000 (11 mapas geomorfológicos más texto) editado a colores por Instituto Geográfico Nacional, Costa Rica. Financiado por CONICIT-US-AID (2.000 ejemplares).

BERGOEING J.P. 1987. *Photo-interprétation géomorphologique du versant Pacifique du Nicaragua, Amérique Centrale*. in Revue Mappe Monde, N.° 2-1987, pp. 5-8 Montpellier.

BERGOEING J. P., 2007. *Geomorfología de Costa Rica*. 328 pp. 2ª Edición. Editorial Librería Francesa, San José, Costa Rica . **Primera edición 1988**, Instituto Geográfico Nacional de Costa Rica.

BERGOEING J. P. & PROTTI R., 2007. *Geomorfología paleo-lacustre del sector sur del Lago de Nicaragua*. Revista IGPH. N.° 139, México D.F. México.

BERGOEING J. P. & BRENES L. G., 2007. *Las calderas concéntricas del Platanar, Costa Rica*. Revista IPGH N.° 143 México, D. F. México.

BERGOEING J. P., ARCE R., BRENES L. G. & PROTTI R., 2007. *La Caldera de Barbilla investigación preliminar*. Revista IPGH N° 144 México, D. F. México.

BUTTERLIN J. 1977. *Géologie structurale de la région des Caraïbes*. Masson Editeurs. Paris.

BORGE C. & CASTILLO R., 1997. *Cultura y Conservación en la Talamanca indígena*. Editorial Universidad Estatal a Distancia UNED, San José, Costa Rica.

BORGIA, A, POORE, C., CARR, M.J., MELSON, W. G & ALVARADO, G. E., 1988. *Structural, stratigraphic, and petrologic aspects of the Arenal-Chato volcanic system, Costa Rica: Evolution of a young stratovolcanic complex*. -Bull. Volcano, 50: 86-105.

BUNDSCHUH J., ALVARADO I. G. E. 2007. *Central America: Geology, resources and hazards*, Volume 2. Edit. Taylor & Francis, London.

BOUDON, G et al., 1996. *Les éruptions de 1966-1970 et 1991-1992 du volcan Rincon de la Vieja, Costa Rica: exemple d'activité récurrente d'un système hydro magmatique*. -C.R. Sci. Paris, t. 322 (1Ia): 101-108.

BULLETIN OF THE GLOBAL VOLCANISM NETWORK, 1991. *Rincón de la Vieja*. Smithsonian Institution, Washington, D. C., 16-4:6.

BUNGE, HP, GRAND, S., 2000. *Mesozoico placa en movimiento la historia por debajo del Océano Pacífico al noreste de imágenes sísmicas de subducción de la placa Farallón.* Revista Nature, V. 405, p. 337-340.

CARR, M.J, CHESNER, C. A. & GEMMEL, J. B., 1986. *New analyses of lavas and bombs from Rincon de la Vieja Volcano, Costa Rica.* -Esc. Cienc. Geogr. Bol. de Vulc., 16: 23-30; Heredia, Costa Rica.

CASTILLO, R., 1977. *Reconocimiento geológico preliminar de una parte de las faldas del Cerro Cacao, Cordillera de Guanacaste, Costa Rica.* -CODESA, Bol. Geol. y de Recursos Minerales, 1978, 1:268-279 (inédita).

CHIESA, S., 1987. *La mayor erupción pliniana del volcán Arenal.* -Rev. Geol. Am. Central, San José, Costa Rica. 6: 25-4l.

CHIESA, S., ALVARADO, G. E., PECCHIO, M., CORELLA, M. & ZANCHI, A., 1994. *Contribution to petrological and stratigraphical understanding of the cordillera de Guanacaste lava flows, Costa Rica.* -Rev. Geol. Amer. Central, 17: 19-43.

DENYER P. & ALVARADO G. 2007. *Mapa Geológico de Costa Rica.* Escala 1: 400.000. Librería Francesa, San José, Costa Rica.

DENYER P. & KUSSMAUL S., 2000. *Geología de Costa Rica.* Editorial Tecnológica de Costa Rica.

FERNANDEZ ARCE, Mario & RAMIREZ Carlos. *Peligros geológicos en áreas urbanas: caso de la urbanización el Tirol, San Rafael de Heredia.* Revista Reflexiones N.º 65 Facultad de Ciencias Sociales, Universidad de Costa Rica, Costa Rica.

FRANCIS P., 1983. *Giant Volcanic calderas.* Scientific American, junio 1983, USA. Traducción de la versión española: Montserrat Domingo. *Calderas volcánicas gigantes.*

Investigación y Ciencia. Edición española de *Scientific American.*, Prensa Científica, S.A. Barcelona, España.

GAZEL, E. ; ALVARADO, G. E. ; OBANDO, J. ; ALFARO, A., 2005. *Geología y evolución magmática del arco de Sarapiquí, Costa Rica.* Revista Geológica de América Central. Universidad de Costa Rica. San José, Costa Rica.

GILLOT, P. -Y., CHIESA, S. & ALVARADO, G. E., 1994. *Chronostratigraphy of Upper Miocene-Quaternary Volcanism in Northern Costa Rica.* -Rev. Geol. Amer. Central, 17: 45-53.

KEMPTER, K., BENNER, S. G. & WILLIAMS, S. N., 1996. *Rincón de la Vieja volcano, Guanacaste province, Costa Rica: geology of the southwestern flank and hazards implications.* -J. Volcanol. Geotherm. Res., 71: 109-127.

KESSELI, J. E., 1948, *Correlation of Pleistocene lake terraces and moraines at Mono Lake, California*: Geological Society of America Bulletin, v. 59, N.º 12, p. 1375.

LINKIMER, L., 2003. *Neotectónica del extremo oriental del Cinturón Deformado del Centro de Costa Rica.* Tesis de Licenciatura. Escuela de Geología. Universidad de Costa Rica.

MACMILLAN A. I., GANSA P. B., ALVARADO I. G., 2004. *Middle Miocene to present plate tectonic history of the southern Central American Volcanic Arc.* Tectonophysics 392 (2004) 325– 348. Elsevier.

MELSON, W., BARQUERO, J., SAENZ, R., & FERNANDEZ, E., 1986. *Erupciones explosivas de importancia en volcanes de Costa Rica.* Boletín de Vulcanología, Universidad Nacional, Costa Rica, 16: 1519.

MORA AMADOR, R. 2005. *Informe de la actividad de la Cordillera volcánica Central- Enero 2003 – Junio 2004.* Escuela centroamericana de Geología. Sección de Sismología, Vulcanología y exploración Geofísica. ICE/ UCR. San José, Costa Rica.

MORA, S., 1977. *Estudio geológico del Cerro Chopo.* Rev. Geográf. Amér. Cent. 5–6 (1977), pp. 189–199.

MOOSER, F, MEYER, A., ABICH, H. & McBIRNEY, A., 1958. *Catalog of Active Volcanoes of the World including Solfatara Fields.* Central America. -International Volcanological Association, IV: 133-146; Napoles. Sci. Paris, t. 322 (1Ia): 101-108.

MUFFLER, L. J. P., & WILLIAMS, D. L., 1976, *Geothermal investigations of the U.S. Geological Survey in Long Valley, California, 1972-1973:* Journal of Geophysical Research, v. 81, N.º 5, p. 721-724.

MURATA K.J. DONDOLI C. & SAENZ R., 1966. *The 1963-1965 eruption of Irazù volcano, Costa Ric*a. Instituto Geogràfico Nacional, Costa Rica.

OVSICORI-UNA. 2007. *Global Vulcanism Program.* Smithsonian Institute of Natural History 1968-2007.

PANIAGUA, S. & SOTO, G., 1988. *Peligros volcánicos en el Valle Central de Costa Rica.* Ciencia y Tecnología, 12 (12): 145156. Costa Rica.

PEREZ F. Wendy, 2005. *Vulcanologia y petroquimica del evento ignimbritico del Pleistoceno medio (0,33 Ma) del valle central de Costa Rica.* (Tesis de Licenciatura). Revista Geológica de América Central, San José, Costa Rica.

PROTTI M. ROBERTO, 1986. *Geología del flanco sur del volcán Barva.* Boletín Vulcanológico y Sismológico de Costa Rica N.º 17 OVSICORI- UNA. Costa Rica.

PROTTI, M.; GÜENDEL, F.; & MCNALLY, K., 1995. *Correlation between the age of the subducting CocosPlate and the geometry of the Wadati-Benioff zone under Nicaragua and Costa Rica.* In Mann, P., ed., Geologic and Tectonic Development of the Caribbean Plate Boundary in Southern Central America: Boulder, Colorado, Geological Society of America Special Paper 295, 309-326.

PROTTI, M.; GÜENDEL, F.; & MCNALLY, K., 1994. *The geometry of the Wadati-Benioff zone under southern Central America and its tectonic significance: results from a high-resolution local seismographic network;* Phys. of the Earth and Planet. Inter., 84, pp. 271-287, 1994.

PROTTI M., GONZALEZ V.,IWAKUNI M., MELBOURNE T., KATO T., LINUMA T., MIYASAKI S., LA FEMINA P., DIXON T. & SCHWARTZ S., 2005. *Silent seismic activity recorded in Costa Rica by continuous GPS network.* Int. Ass. Of Seism & Phys. Earth Int. General Assambly. Vol. of abst.

PROTTI Q. MARINO, 2006. *Importancia de una alerta temprana en caso de terremoto para edificaciones esenciales vulnerables: un posible ejemplo para Costa Rica.* Observatorio Vulcanológico y Sismológico de Costa Rica Universidad Nacional, (OVSICORI-UNA Revista EIRD informa-América Latina y el Caribe N.º 13-2006.

RITHMANN A. 1962. *Volcanoes and their Activity.* J. Wille Ed. New York.

SPARKS R.S.J., & WILSON L. Y HULME O. 1978 *Theoretical modelling of the generation, movement, and emplacement of pyroclastic flows by column collapse.* Journal of Geophysical Research, vol. 83, número B4, pp 1727-1739.

SIMKIN,T & SIEBERT, L., 1994. *Volcanoes of the World.* Geoscience Press, Inc. Y Smithsonian Institution, sec. ed. USA. pp 349.

SMITH R.L. & BAILEY, R. A., 1968. *Resurgent cauldrons.* The Geological Sociely of America: Memoir 116, pp. 613-622; 1968.

SOTO B. Gerardo J. (S.F.) *Geología y vulcanología del volcán Turrialba, Costa Rica.* Escuela Centroamericana de Geología. Red Sismológica Nacional. Formato PDF http://www.crid.or.cr/crid/CD_CNE/pdf/spa/doc912/doc912-contenido.pdf

TOURNON J. & ALVARADO G., 1995. *Carte Géologique du Costa Rica 1:500.000.* Carte et notice explicative. Ministère des Affaires Etrangères, Coopération Scientifique-Instituto Costarricense de Electricidad ICE. Imprimerie La Vigie, Dieppe, France.

TOURNON J., 1974. *Le volcanisme récent de Costa Rica : Amérique centrale, étude préliminaire.* Société Géologique de France, pp. 373, Paris.

TOURNON J., 1983. *La cadena volcánica cuaternaria de Costa Rica: composiciones químicas de las lavas, presencia de dos tipos de series.* Informe Semestral, Julio-Diciembre 1983. pp. 31-62 Instituto Geográfico Nacional, Costa Rica.

TOURNON J., 1984. *Magmatismes du Mésozoïque à l'actuel en Amérique Centrale: l'exemple du Costa Rica, des ophiolites aux andésite.* pp.335 Th. d'Etat. Sc. Terre Univ. Pierre et Marie Curie. Paris.

TOURNON J., 1972. *Présence de basaltes alcalins récents au Costa Rica. (Amérique Centrale).* Bulletin de volcanologie. T. XXXVI-1, 1972. p. 140-147. Paris. France.

WEYL R. , 1980. *Geology of Central America.* pp. 371. Gebrüder Brontaeger, Stuttgart. RFA.

WILLIAMS D. L., 1976. *Implications of a magnetic model of the Long Valley Caldera, California.* U.S. Geological Survey, Open File Report 76-439, pp 11. USA.

WILLIAMS, H., 1960. *Volcanic history of the Guatemalan highlands.* Univ. California Publ. Geol. Sci; v. 38, p. 1-86.

WILLIAMS H. & MC BIRNEY A., 1979. *Volcanology.* Freeman Cooper and Co., San Francisco California,

ŽÁČEK V, JANOUŠEK V, ULLOA A, KOŠLER J, HUAPAYA S, MIXA P, VONDROVICOVÁ L, ALVARADO GE. 2011. *The late Miocene Guacimal pluton in the cordillera de Tilarán, Costa Rica: its nature, age and petrogenesis.* Journal of Geosciences, volume 56, issue 1,Czech Geological Society.

Imágenes del satélite Landsat. 2000. Sitio web NASA. Mosaico de imágenes Landsat utilizando el sistema Multi-band raster clipper.. Interpretaciones geomorfológicos del autor.